顾　问：杨荣郎
主　编：洪荣若
副主编：黄永玉　沈长华

南平市
特色农业气候精细区划

NANPING SHI TESE NONGYE
QIHOU JINGXI QUHUA

气象出版社
China Meteorological Press

内 容 简 介

　　本书是南平市气象局针对福建省南平市特色农业产业锥栗、丹桂、橘柚、葡萄、烤烟、牧草、莲子等发展中遇到的农业气象灾害风险,开展的精度更高、针对性更强的特色品种气候精细区划,并在此基础上提出各特色作物或果树生产布局与建议。此外,该书还分析制作了适应气候变化条件下的南平市农业气候资源与农业气象指标精细区划分布图;同时,收录整理了历年南平市暴雨、洪涝、冰雹、大风、高温、干旱、寒害等农业气象灾害的发生情况。该书是继 20 世纪 80 年代第二次农业气候区划以来取得的一项创新性成果,将为南平市合理利用农业气候资源、指导农业生产、发展现代农业、建设全国绿色发展示范区、制定应对气候变化对策提供科学参考,为南平市农业可持续发展发挥重要作用。

图书在版编目(CIP)数据

　　南平市特色农业气候精细区划/洪荣若主编. —北京:
气象出版社,2013.12
　　ISBN 978-7-5029-5861-9

　　Ⅰ.①南… Ⅱ.①洪… Ⅲ.①农业气象-气候区划-研究-南平市 Ⅳ.①S162.225.73

　　中国版本图书馆 CIP 数据核字(2013)第 297815 号

Nanping Shi Tese Nongye Qihou Jingxi Quhua
南平市特色农业气候精细区划
顾问:杨荣郎　　**主编:**洪荣若　　**副主编:**黄永玉　　沈长华

出版发行:气象出版社

地　　址:北京市海淀区中关村南大街 46 号　　　　　邮政编码:100081

总 编 室:010-68407112　　　　　　　　　　　　　发 行 部:010-68406961

网　　址:http://www.cmp.cma.gov.cn　　　　　　**E-mail:** qxcbs@cma.gov.cn

责任编辑:崔晓军　　　　　　　　　　　　　　　　终　 审:章澄昌

封面设计:博雅思企划　　　　　　　　　　　　　　责任技编:吴庭芳

责任校对:华　鲁

印　　刷:北京地大天成印务有限公司

开　　本:787 mm×1092 mm　1/16　　　　　　　　印　　张:4.5

字　　数:115 千字

版　　次:2013 年 12 月第 1 版　　　　　　　　　　印　　次:2013 年 12 月第 1 次印刷

定　　价:25.00 元

编　委　会

序

　　农业是对气候变化反应最为敏感的产业之一，农业生产的地域性很强，受自然条件特别是气候条件影响很大。南平得天独厚的地理气候优势为农业生产提供了极好的环境，无论是日照、雨量、冷热，都适宜多种农作物和树木生长，因此，闽北大地上农作物品种极为丰富，品质也有上乘表现。

　　在全球气候变化的大背景下，极端天气气候事件时有发生，南平是农业大市，农业气象灾害也呈多发的趋势。如 2003—2004 年的夏、秋、冬连旱，2008 年冬季长时间的低温雨雪冰冻天气，2010 年的"3·5"冰雹、"3·10"晚霜冻、"6·13—6·20"特大暴雨洪涝，都给我市农业生产等各方面造成了较大的损失，人们至今仍记忆犹新。

　　气候变暖后，作物生长加快，生长期普遍缩短，减少物质积累和籽粒产量，加上农业气象灾害的发生，很大程度上限制了农业生产特别是特色农业生产的发展。因此，科学分析和评估当地的农业气候资源时空分布特征，为农业生产布局和种植业结构调整提供科学依据，对于合理高效地利用农业气候资源，对于因时、因地制宜，扬优避劣，发展农、林、牧等各业生产，建设和谐社会主义新农村具有特别重要的现实意义和深远的历史意义。

　　科学技术是应对全球气候变化、提高农业生产的基础和根本手段之一，为此，南平市气象局组织专家编写了《南平市特色农业气候精细区划》一书。该书介绍了全市烤烟、锥栗、牧草、葡萄、丹桂、橘柚等作物或果树的气候精细区划，并针对各个品种提出了生产布局和建议。该区划是继 20 世纪 80 年代全区第二次农业气候区划以来取得的精度更高、针对性和专业性更强的一项创新性成果，将为我市合理利用农业气候资源、指导农业生产、发展现代农业、建设全国绿色发展示范区、制定应对气候变化对策提供科学参考，为我市农业可持续发展发挥重要作用。

　　在此，向本书编写者表示敬意。

南平市人民政府副市长

（杨荣郎）

2013 年 2 月

前　言

　　南平市地处福建省北部(简称闽北),位于武夷山脉东南坡、闽江上游,耕地面积 21.92 万 hm²,林业用地面积 181.85 万 hm²,具有中国南方典型的"八山一水一分田"特征。南平市是福建省的粮食主产区和中国南方的重要林区之一,是一个气候资源丰富多样和动植物种类十分丰富的地区,也是气候变化的敏感区。独特的地理优势和丰富的气候资源,使南平市成为橘柚、葡萄、锥栗、丹桂等特色果树和作物的良好发展区域。闽北境内经济作物种类繁多,品质优良,有些特色作物现已成为闽北新农村发展、农业增效、农民增收致富奔小康的绿色支柱产业。

　　对农业生产而言,温度、光照、水分等条件及其组合是一种可利用的自然资源。由于光、热、水、气等农业气候要素变化的时空差异,使农业气候资源存在着年际变化和区域的不均匀分布,导致各地农作物生长发育的不同和产量的变化,从而影响农业生产。本书用翔实的数据、精确的图表、平实的语言分析了南平市特色农业气候精细区划和农业气候精细资源与指标,并提出了建设性的意见,旨在促进人们了解南平市农业气候资源,为更好地利用农业气候资源、提高南平市农业生产效益提供决策依据。

编著者

2013 年 2 月

目　　录

第 1 章　特色农业气候精细区划

　　南平市位于 117°～119°17′E、26°15′～28°19′N,南北长 230.4 km,东西宽 230 km,土地面积 26 301 km²,约占福建省国土总面积的 1/5 强。南平市地处福建省北部,武夷山脉东南坡,闽江上游,东北和西北分别与浙江省和江西省相邻,东南和西南分别与宁德市和三明市毗连,辖区内有 5 县 4 市 1 区,115 个乡(镇)。境内山峦起伏,河谷纵横,水系发达,属典型的中低山丘陵构造侵蚀地貌(图 1.1)。特定的地理位置和地形地貌差异使得南平市自然条件优越,农业气候资源丰富,适宜的光照、温度、降水等气象因子十分有利于农业生产的发展,尤其是对橘柚、葡萄、锥栗、丹桂等特色果树和特色作物的生长非常有利,南平因此也就有了"绿色金库"和"粮仓"之美称。

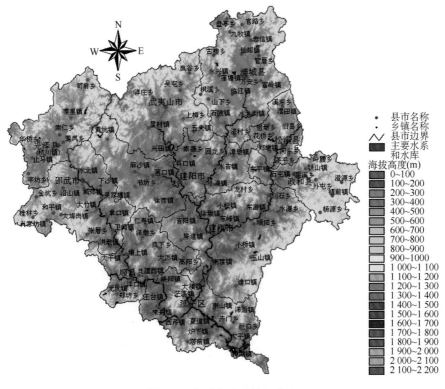

图 1.1　南平市地形精细分布

1.1　烤烟

　　闽北烤烟种植在 20 世纪 80 年代后期于邵武市率先开始,并向周边县市延伸,种植区域主要集中在邵武、松溪、武夷山、光泽等县(市)沿河谷低海拔地区,但种植规模小、产量低、品质差。随着烤烟种植技术的提高与普及,闽北烤烟的种植面积逐步扩大,烟叶产量和品质明显提高,当前烟叶生产已成为闽北农村发展、农民增收、农业增效的主要项目之一。

1.1.1 烤烟与环境气候

1.1.1.1 烤烟与温度

烟草是喜温作物,可生长的温度范围较广,一般要求地上部为 8.0～38.0 ℃,地下部为 7.0～43.0 ℃。大田生长期最适宜温度为 25.0～28.0 ℃。如果生育前期较长时间处在 13.0～18.0 ℃的低温环境下,将抑制烟株的生长,而促进烟株的发育,导致"早花";温度高于 35.0 ℃时,烟株生长受到抑制,叶片变得粗硬,叶边干枯变褐,同时烟叶的烟碱含量会不成比例地增加,品质变差。烟叶成熟期日平均气温以 20.0～25.0 ℃为宜,并要持续 50 d 以上。若烟叶在 16.0～17.0 ℃温度下成熟,则品质低劣。另外,烤烟要完成其正常的生长发育过程,要求稳定通过 10.0 ℃的积温不少于 2 600 ℃·d。据研究,在南方烟区,大田生育期间≥10.0 ℃活动积温为 2 000～2 800 ℃·d,≥8.0 ℃有效积温为 1 200～2 000 ℃·d;采烤期≥8.0 ℃有效积温为 600～1 200 ℃·d 时可以产出优质烟叶(刘国顺 2003)。南平市 10 县(市、区)大田生育期间≥10.0 ℃的活动积温为 1 950～3 300 ℃·d,≥8.0 ℃的有效积温为 1 750～1 950 ℃·d;采烤期≥8.0 ℃有效积温为 1 200～1 280 ℃·d,因此南平热量条件较好,能满足优质烤烟生长所需。

1.1.1.2 烤烟与光照

烟草是喜光作物,在充足的光照条件下,生长良好。当光照不足时,烟株细弱,生长缓慢,叶片减少,植株矮小,叶片黄绿,甚至发生畸形。一般认为烤烟要求日光充足而不十分强烈,每天光照时间以 10 h 以上为宜。大田期日照时数要达到 500～700 h,日照百分率要达到 40%以上;采烤期日照时数要达到 280～400 h,日照百分率要达到 30%以上,才能生产出品质优良的烟叶。南平市 10 县(市、区)大田期日照时数在 560～640 h 之间,日照百分率在 20%～35%之间;采烤期日照时数在 350～400 h 之间,日照百分率均在 30%以上,因此南平总体来说光照条件好,有利于生产出品质优良的烤烟。

1.1.1.3 烤烟与降水

烟草遇旱、遇涝都会影响烟叶的质量和产量。总体上,在温度和肥力适中的条件下,若降水充足,土壤湿度大,则烟株茎叶生长旺盛,叶片大而薄,产量高,但烟叶细胞间隙大,组织疏松,调制后颜色淡,香气不足,烟碱含量较低;若降水不足,土壤干旱,则烟株生长受阻,叶片小而厚,组织粗糙,质量差。一般认为烤烟大田生育期月平均降水量以 100～130 mm 比较适宜。南平市烤烟大田生育期月平均降水量为 179.9～264.4 mm,属偏多。

1.1.1.4 烤烟与冰雹、大风

烟草的叶片作为收获器官,宽大而且易脆,比其他作物更易遭受冰雹、大风的伤害。5 级以上的风能使烟叶受损,风速越大危害越重,轻则使烟叶相互摩擦造成伤痕,重则使叶片破裂、烟株倒伏,严重影响产量和质量;冰雹的危害则更大。在旺长期以前遭受冰雹袭击后,若能及

时采取中耕、追肥、留二茬烟等措施,能在一定程度上弥补部分损失;若在接近成熟期遭受雹灾,则会造成不可弥补的损失。南平市每年的春、夏季都会出现冰雹天气,并伴有雷暴、大风、强降水。冰雹直径大的能有鹅蛋大,来势迅猛,给农作物、茶果、房屋甚至人畜等带来严重危害。

从南平市各县(市、区)气象资料来看,温度和水分条件均能满足烟草生长所需。但5—6月降水量偏多,占年降水量的34%～38%,充沛的降水量一方面较有利于烟田肥料的分解和烟叶营养物质的积累,但另一方面对烟株的旺长和叶片成熟有不利影响,特别是较长时间阴雨连绵、日照稀少,或降水量偏多、降水强度大,对烤烟生产带来危害,降低烟叶产量和品质。南平市与全国最适烟区各气象要素的比较见表1.1。

表 1.1　南平市与全国最适烟区各气象要素比较表

	气象要素	全国最适烟区气候指标	南平市各县(市、区)气候指标
日照	1. 年日照总时数(h)	≥2 500	1 612.4～1 839.3
	2. 年日照百分率(%)	>60	36.5～41.2
	3. 大田期或成熟期日照百分率(%)	>45	3 月 20.4～26.5 4 月 25.4～31.7 5 月 29.0～34.3 6 月 31.5～36.8 7 月 51.8～57.9
温度	1. 年平均气温(℃)	16.0～17.0	17.5～19.4
	2. 大田期平均气温(℃)	20.0～23.0	3 月 12.0～14.4 4 月 17.6～19.3 5 月 21.7～23.0 6 月 24.6～25.9 7 月 27.5～28.6
	3. 成熟末期日平均气温≥20.0 ℃日数(d)	>50	82～95
雨量	1. 年降水量(mm)	800～1 000	1 645～1 940
	2. 大田期月降水量(mm)	100～150	3 月 179.9～206.7 4 月 210.1～264.4
	3. 成熟期月降水量(mm)	<70	5 月 271.5～312.6 6 月 286.5～412.1 7 月 117.8～178.6

由表1.1可知:

(1)从年资料看:南平市年平均气温偏高、降水量偏多,能满足烟草生长所需,但年日照时数明显偏少。

(2)从发育阶段看:南平市大田生长期的3—4月光、温条件明显不足,后期光、温条件较好,达最适烟区气候指标,但是降水量偏多明显,影响烤烟品质的提高。

1.1.2　区划指标

从春烟种植实践看,只要烤烟生长季节安排适当,南平市热量条件均能满足烤烟生长所需,即全境都能种植烤烟;但从烟(春烟)—稻或烟—菜种植模式下最大限度地利用与开发闽北气候资源考虑,加之闽北丘陵山区坡度(即坡度小于20°区域)的影响就存在适宜区、次适宜区、不适宜区的问题。即主要考虑两点：一是保证烤烟生长季内热量需要；二是确保烟后稻的安全齐穗（即秋寒来临前烟后稻抽穗率在80％以上）或烟后菜的热量需求。因此，选择1月1日—7月20日≥10.0℃的活动积温、大田营养生长期降水日数和现蕾期降水量等作为南平市春烟精细区划指标，指标详见表1.2，区划结果详见图1.2。

表 1.2 南平市春烟精细区划指标

区划指标	适宜区	次适宜区	不适宜区
1月1日—7月20日≥10.0℃活动积温(℃·d)	≥2 600	2 200～2 600	<2 200
现蕾期降水量(mm)	<160	160～190	≥190
大田营养生长期降水日数(d)	<37	37～41	≥41
坡度(°)	0～20	0～20	0～20

图 1.2 南平市春烟精细区划

1.1.3 区划结果与分区描述

1.1.3.1 烤烟适宜种植区

该区域面积较大，各县(市、区)均有分布。主要位于光泽中南部，邵武中东部，武夷山、浦城中南部，建阳、松溪、建瓯、顺昌、延平大部，以及政和西部区域。

其气候特点是：1月1日—7月20日≥10.0℃活动积温大于2 600℃·d，≥8.0℃有效积温大于1 200℃·d；成熟期平均最低气温25.0～28.0℃，日平均气温≥20.0℃日数在50 d

以上,≥8.0 ℃有效积温 800～1 400 ℃·d;大田营养生长期降水日数在 37 d 以下;现蕾期降水量在 160 mm 以下。从 1 月 1 日起≥10.0 ℃活动积温达 2 600 ℃·d,出现日期在 6 月 18 日—7 月 15 日(80%保证率),22.0 ℃型秋寒出现日期在 9 月 6—22 日(80%保证率)。

春烟采收后热量比较充足,为确保烟后稻 9 月中旬前安全齐穗,建议选择种植早(北部)、中熟(中南部)双季晚稻品种或早熟晚稻品种和中迟熟双季早稻品种,如汕优 63、II 优辐 819、特优 180、II 优 851、丰两优 1 号、桂 32、优 I316、中优 186、金优明 100、岳优 9113 等。

1.1.3.2　烤烟次适宜种植区

各县(市、区)均有分布,面积相对较小。主要位于光泽与邵武、邵武与建阳、建阳与武夷山、武夷山与浦城、浦城与松溪交界处,以及光泽西部和北部,邵武中西部,武夷山西部和北部,浦城东部、西部和北部,政和中部,建瓯东南部等乡(镇)大部或部分区域。

此区气候特点是:1 月 1 日—7 月 20 日≥10.0 ℃活动积温在 2 200～2 600 ℃·d 之间,≥8.0 ℃有效积温大于 1 200 ℃·d;成熟期平均最低气温 20.0～25.0 ℃,日平均气温≥20.0 ℃日数在 50 d 以下,≥8.0 ℃有效积温 800～1 400 ℃·d;大田营养生长期降水日数在 38～40 d 之间;现蕾期降水量除光泽、邵武西部,光泽、武夷山、建阳交界处,以及光泽、邵武交界处大于 190 mm;政和铁山、外屯、澄源、杨源乡(镇)局部,建瓯水源局部,延平樟湖部分,巨口局部小于 160 mm 外,其他均在 160～190 mm 之间。从 1 月 1 日起≥10.0 ℃活动积温达 2 600 ℃·d,出现日期在 7 月 16—31 日(80%保证率),22.0 ℃型秋寒出现日期在 8 月 16 日—9 月 5 日(80%保证率)。与适宜区相比,≥10.0 ℃活动积温、日平均气温≥20.0 ℃日数等热量条件不足。

但是,采取推迟(按适宜区标准)10～30 d 移栽调控后,该区(以政和县镇前镇为例)1 月 1 日—8 月 15 日≥8.0 ℃有效积温也大于 1 200 ℃·d,成熟期旬平均最低气温 17.0～19.0 ℃,日平均气温≥20.0 ℃日数 57 d,≥8.0 ℃有效积温大于 900 ℃·d;大田营养生长期降水日数 39 d;现蕾期降水量 155 mm;烤烟生长气象条件改善。该区其他区域气象条件与镇前镇相当,具体数据有所不同。

受移栽推迟 10～30 d 影响,成熟期也推迟,该区烤烟采收于 7 月下旬—8 月中旬结束,而 22.0 ℃型秋寒则出现在 7 月 30 日—8 月 15 日(80%保证率)之间,烟后热量条件不足,建议考虑烟—菜轮作模式。若考虑烟—稻轮作模式可在低海拔等热量较充足的区域,选择生育期特短的晚稻品种进一步试验。

1.1.3.3　烤烟不适宜种植区

主要分布于光泽、武夷山和建阳三县(市)交界的乡(镇),武夷山北部,政和东部,浦城东北部,以及光泽、邵武、武夷山、浦城、建瓯部分乡(镇)局部区域。

该区气候特点是:1 月 1 日—7 月 20 日≥10.0 ℃活动积温小于 2 200 ℃·d,≥8.0 ℃有效积温小于 1 200 ℃·d;成熟期平均最低气温为 17.0～20.0 ℃,日平均气温≥20.0 ℃日数在 50 d 以下,≥8.0 ℃有效积温在 800 ℃·d 以下;大田营养生长期降水日数在 40 d 以上。从 1 月 1 日起≥10.0 ℃活动积温达 2 600 ℃·d,出现日期在 8 月 1 日—9 月 29 日(80%保证率),22.0 ℃型秋寒出现日期在 7 月 30 日—8 月 15 日(80%保证率)。与适宜区相比≥10.0 ℃活动积温、日平均气温≥20.0 ℃日数等热量条件明显不足。加上山高、坡度大,土壤贫瘠,交通不便,居民点少,故为不适宜烤烟种植区。

1.1.4 生产布局与建议

（1）从气候区划结果来看，目前西北部光泽、邵武烤烟种植区由于降水偏多、光照偏少，并不是最佳种植区，建议重点发展东部和南部的烤烟种植。

（2）本区划仅考虑了坡度的影响，在生产布局中还应考虑坡向的影响。

（3）继续完善气象-烟草联合防雹机制，健全制度，最大限度地减轻气象灾害损失。

1.2 锥栗

锥栗为壳斗科（*Fagaceae*）栗属（*Castanea*）植物，又名榛子。锥栗作为经济作物栽培，主要分布在闽、浙两省，而福建主产地在南平的建瓯、建阳、政和、浦城和三明的泰宁等县（市）。全国锥栗栽培品种之多、面积之大、产量之高，均以福建建瓯为最、建阳次之。闽北是福建锥栗主产区且栽培历史悠久，现有建瓯、建阳、政和 3 县（市）被国家林业局命名为"中国名特优经济林锥栗之乡"。目前，锥栗已成为闽北农村继竹业经济之后的又一个新的骨干产业，也是山区农民脱贫致富奔小康的好项目。

1.2.1 锥栗与环境气候

多年从事锥栗研究、承担生产技术指导被誉为"榛仙"的南平市林业局高级工程师詹夷生认为：锥栗喜温、耐寒、耐旱、喜光，对环境条件要求较严，即"夏喜温暖湿润，冬需充分休眠"。不同的生态环境，锥栗的生长状况也不同。南平市自然地理环境复杂多样，独特的农业气候资源深刻地影响着锥栗的种植和产业布局。由于锥栗与温度、降水、光照的关系及分区未见记载或报道，故参照栗树研究与板栗分区成果进行分析。

1.2.1.1 锥栗与温度

栗的不同品种对温度的要求有所差异，但一般要求年平均气温在 15.0～17.0 ℃，生长期平均气温在 18.0～20.0 ℃。栗的不同物候期对温度的要求也不相同，开花期要求 17.0 ℃以上的温度，如果此期温度在 15.0 ℃以下或 27.0 ℃以上均对受精不利，易引起结果不良。在生长期中若夏季温度低，则果实推迟成熟，品质下降；若果实成熟期温度不能满足果实发育要求，则果实推迟成熟，易出现未熟果。因此要求锥栗栽培区秋季温和，以气温逐渐下降为宜。落叶后，树体即进入休眠。在休眠期则需要一定的低温，最适宜温度是 0 ℃左右。

1.2.1.2 锥栗与降水

栗对水分有较强的适应性，年降水量从数百毫米到 2 000 mm 的地区，均有分布。但从结果及品质来看，栗以雨量略少、日照充足的山地栽培为最有利。如花期多雨，则授粉受精不良；若果实膨大期多雨、日照不足，则易引起落果或抑制果实膨大。因此，南平市 5—6 月的梅雨常对锥栗开花造成不利影响；若果实发育期过于干旱，则会妨碍果实正常生长，易出现"空苞"。

1.2.2 区划指标

选取热量（≥10.0 ℃活动积温）、低温冷却量（日极端最低气温≤3.0 ℃初、终日间的日

数)和水分(年降水量)指标为区划指标;同时,考虑年平均气温,1月最低气温,7月最高气温和
1,4,7,10月平均气温为辅助区划指标。主要指标详见表1.3,结果详见图1.3。

表 1.3　南平市锥栗精细区划指标

区划指标	适宜区	次适宜区	生态保护区
≥10.0℃活动积温(℃·d)	4 000~5 000	5 000~6 000	2 200~4 000
日极端最低气温≤3.0℃初、终日间日数(d)	115~165	70~115	≥165
年降水量(mm)	1 800~2 100	<1 800	≥2 100

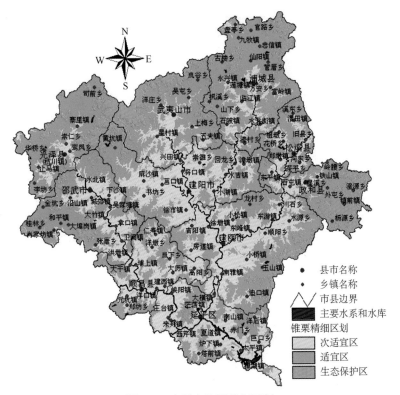

图 1.3　南平市锥栗精细区划

1.2.3　区划结果与分区描述

1.2.3.1　锥栗适宜种植区

主要分布于南平市中北部县(市)的海拔500~1 000 m左右的丘陵山区。

其气候特点是:≥10.0℃活动积温4 000~5 000℃·d,年降水量1 800~2 100 mm;日极
端最低气温≤3.0℃初、终日间日数约115~165 d;年平均气温14.5~17.5℃,1月平均最低
气温1.5~3.5℃,7月平均最高气温29.5~33.5℃,1月平均气温5.0~7.0℃,4月平均气
温14.5~17.5℃,7月平均气温24.0~27.0℃,10月平均气温15.5~18.5℃。该区温度适
宜、降水量适中,能较好地满足锥栗生长期、休眠期对光、温、水的要求,在此区锥栗休眠期较
长、能够充分休眠,可有效促进锥栗内源激素的转化和雄性花芽分化。另外,该区土壤主要以
红壤土为主,土层深厚,腐殖质厚度一般在23 cm,平均含有机质4.18%,pH值4.99。发展锥

栗可以获得较好的经济效益。

1.2.3.2　锥栗次适宜种植区

主要分布于溪流沿河谷一带,海拔高度 400~500 m 以下区域,幅员最大,平均海拔较低,地势比较平坦。

其气候特点是:≥10.0 ℃活动积温 5 000~6 000 ℃·d;年降水量在 1 800 mm 以下;日极端最低气温≤3.0 ℃初、终日间日数较短,约 70~115 d;年平均气温 17.5~20.0 ℃,1 月平均最低气温 3.5 ℃以上,7 月平均最高气温 33.5~36.5 ℃,1 月平均气温在 7.0 ℃以上,4 月平均气温 17.5~20.0 ℃,7 月平均气温 27.0~30.0 ℃,10 月平均气温 18.5~21.5 ℃,即温度相对偏高,降水量相对偏少,特别是夏、秋季热而干,冬季日最低气温≤3.0 ℃初、终日间日数较短。低温相对不足,不利于锥栗充分休眠、内源激素转化和雄性花芽分化。

从锥栗资源调查情况看,该区极少有野生锥栗分布。因此,将此区划为锥栗生产次适宜区。近几年来,此区海拔 100~200 m 的丘陵山地也有种植锥栗,早期生长结果正常,但产量、品质与经济年龄等方面的效应,未经历较长时间生产实践的检验,有待继续观察。

1.2.3.3　生态保护区

主要分布于海拔 1 000~1 100 m 以上地区。

其气候特点是:≥10.0 ℃活动积温 2 200~4 000 ℃·d;年降水量在 2 100 mm 以上;日极端最低气温≤3.0 ℃初、终日间日数长,在 165 d 以上;年平均气温在 14.5 ℃以下,1 月平均最低气温在 -1.5 ℃以下,7 月平均最高气温在 29.5 ℃以下,1 月平均气温 1.6~5.0 ℃,4 月平均气温 14.5 ℃以下,7 月平均气温在 24.0 ℃以下,10 月平均气温在 15.5 ℃以下。即温度较低,冬、春季寒冷,夏、秋季凉爽。冬季日最低气温≤3.0 ℃初、终日间日数长,虽能满足锥栗休眠对低温量的要求,但是≥10.0 ℃活动积温相对不足,对锥栗生长和内源物质的有效积累有一定影响,影响单产。

从锥栗资源调查情况看,野生锥栗在该区也有分布。同时山高水冷、风相对较大,也不利于栗树的生长。另外,该区自然村落少,人口稀少,加上交通不便,给锥栗生产带来一定的困难。因此,将此区域划为生态保护区。

1.2.4　生产布局与建议

目前,海拔高度 100~200 m 的丘陵山地种植锥栗,虽然早期生长结果正常,但产量、品质等方面的效应,仍有待实践检验与观察;另外,低海拔区域光、温资源充足,适宜种植其他经济作物,也是提高土地复种指数的区域,人口又相对较密集,从解决与粮争地的矛盾出发,均不建议发展锥栗种植。建议在适宜区发展锥栗种植。

1.3　牧草

20 世纪 90 年代中后期,南平市以长富、大乘乳业为龙头的畜牧业迅速崛起,发展迅猛,对牧草的需求量大增,牧草的本地化生产成为制约畜牧业可持续发展的突出问题。经有关部门多年筛选试验,选育出比较适合闽北地区生产与利用的豆科牧草——紫花苜蓿和禾本科牧草——南牧一号杂交狼尾草。

1.3.1　紫花苜蓿

紫花苜蓿属多年生豆科草本植物,具有质地柔软、味道清香、适口性好、营养丰富等特点,在国内外素有"牧草之王"的美称。据分析,开花期的紫花苜蓿干物质中粗蛋白含量在 25% 左右,有的粗蛋白含量高达 30%,是畜禽理想的青绿饲料,也是绿肥饲料和水土保持先锋草种。

1.3.1.1　紫花苜蓿与环境气候

(1)紫花苜蓿与温度

紫花苜蓿是温带植物,生长发育适宜温度为 20.0~25.0 ℃左右,在温带和寒温带各地都能生长。种子在 5.0~6.0 ℃即能发芽,在日平均气温 15.0~20.0 ℃时发芽快。紫花苜蓿不耐热,在 35.0~40.0 ℃的酷热条件下则生长受到抑制。我国长江中下游各省夏季高温、多湿,气温达 40.0 ℃,紫花苜蓿难以越夏。闽北地处中亚热带地区,夏季高温、高湿,从 2003 和 2004 年建阳的试验数据来看,温度越高,持续时间越长,则紫花苜蓿的死亡越严重,即紫花苜蓿越夏存活率与日最高气温≥30.0 ℃和≥35.0 ℃的日数呈反相关。

(2)紫花苜蓿与降水

紫花苜蓿为需水较多的牧草,雨水充足,空气湿润,对紫花苜蓿生长最有利。紫花苜蓿根系发达,入土很深,能从土壤深处吸收水分,所以很抗旱,在年降水量为 400~800 mm 的地方,一般都能种植。年降水量超过 1 000 mm 且易积水或排水不畅的地方,一般不宜种植。地下水位高,土壤过于潮湿,易引起烂根死亡。

据 2003 和 2004 年南平市农业气象试验站建阳的试验数据显示:汛期结束,闽北进入高温炎热天气 5~7 d(没有降雨),紫花苜蓿叶片就开始枯黄;当连续出现几次雷阵雨天气后,叶片立即开始转绿,正常生长,即越夏存活率与 7 和 8 月降水日数及降雨量呈正相关。

(3)紫花苜蓿与光照

紫花苜蓿是喜光、长日照植物。在气温 24.0 ℃的条件下,光照时间越长,紫花苜蓿的干物质积累越多,光能利用率达 1.2%,比一般农作物高。北方高纬度长日照地区,光、热条件好,适合紫花苜蓿生育要求。紫花苜蓿对光照长短不敏感,所以北种南引也能开花结实。但是,2004 年南平市建阳的 14 个引种试验品种中,仅有丰叶 721、萨兰多于 11 月中旬结实,但结实的种子不饱满,不能作为种子使用;其余品种不结实。这与紫花苜蓿各品种特性和闽北短日照有一定的关系。

综上所述,紫花苜蓿越夏存活率与降水量、降水日数呈正相关,与日极端最高气温≥30.0 ℃和≥35.0 ℃的日数呈反相关。从 2003 和 2004 年平均 75%越夏存活率情况看,与江苏省、江西省等地试验结果相近。也就是,越夏存活率与 7 和 8 月降水日数、降水量及日极端最高气温≥30.0 ℃、≥35.0 ℃的日数多少有关,同时与紫花苜蓿各品种的休眠指数有关。

1.3.1.2　区划指标

根据试验结果:温度对紫花苜蓿生长起决定性作用,而降水量、日照时数的影响相对次要些;越夏存活率与降水量有密切的关系。即在闽北偏酸性土壤和粮、果气候区种植紫花苜蓿,各种性状表现良好,产量水平接近 7.5 万 kg/hm² 。为此,参考全国紫花苜蓿种植气候区划思路,选取热量指标(≥10.0 ℃活动积温)和水分指标(年降水量)作为主导区划指标,而年平均气温作为参考指标,将南平市紫花苜蓿种植区划为适宜区、次适宜区、生态保护区。区划指标详见表 1.4,区划结果详见图 1.4。

表 1.4　南平市紫花苜蓿精细区划指标

区划指标	适宜区	次适宜区	生态保护区
≥10.0 ℃活动积温(℃·d)	3 500~4 500	4 500~6 210	1 360~3 500
年降水量(mm)	1 800~2 100	<1 800	≥2 100
年平均气温(℃)	15.0~17.5	17.5~20.0	<15.0

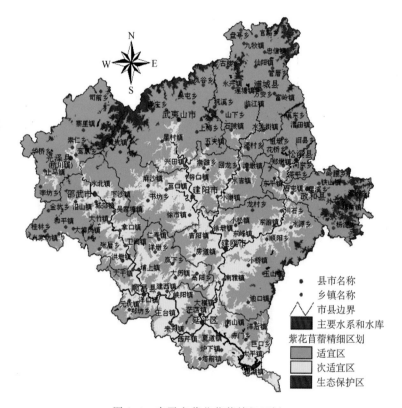

图 1.4　南平市紫花苜蓿精细区划

1.3.1.3　区划结果与分区描述

(1)紫花苜蓿适宜种植区

主要分布于南平市的中低海拔地区。如光泽、武夷山、浦城、松溪县(市)和政和县东部大部分区域,以及其他县(市、区)部分区域。

其主要气候特点是:≥10.0 ℃活动积温 3 500~4 500 ℃·d;年降水量 1 800~2 100 mm;年平均气温 15.0~17.5 ℃,1 月平均气温 2.0~5.5 ℃,农业生产特点是:山地多,是木材、毛竹和林副产品的生产点集聚区。

该区温度适宜、降水量适中,能较好地满足紫花苜蓿生长对光、温、水的需要,发展紫花苜蓿可以获得较好的经济效益。

(2)紫花苜蓿次适宜种植区

主要分布于溪流沿河谷一带,海拔高度在 300 m 以下,地势比较平坦。

其气候特点是：≥10.0 ℃活动积温 4 500～6 210 ℃·d；年降水量 1 600～1 800 mm；年平均气温 17.5～20.0 ℃，1 月平均最低气温在 3.5 ℃以上，7 月平均最高气温 33.0～35.5 ℃，1月平均气温在 5.5 ℃以上，7 月平均气温 26.5～30.0 ℃。即温度相对偏高、降水量相对偏少，特别是夏、秋季热而干，紫花苜蓿越夏死亡现象明显。因此，将此区划为紫花苜蓿次适宜种植区。

（3）生态保护区

主要分布在海拔高度在 1 000 m 以上的高山区。

其气候特点是：≥10.0 ℃活动积温 1 360～3 500 ℃·d；年平均气温 15.0 ℃以下，7 月平均最高气温 25.0 ℃以下，1 月平均气温 -3.0～2.0 ℃，7 月平均气温 22.0 ℃以下。该区虽能满足紫花苜蓿生长所需，但由于山高水冷，自然村落少、人口稀少，加上交通不便，牧草运输成本增加。因此，不建议在此区种植紫花苜蓿，故区划为生态保护区。

1.3.1.4　生产布局与建议

目前，闽北奶牛牧场主要集中在低海拔区域，牧草种植也集中于此，对紫花苜蓿生长来说不是最佳种植区，建议将紫花苜蓿种植区调整至中低海拔区域。

1.3.2　南牧一号杂交狼尾草

南牧一号杂交狼尾草（俗称南牧一号）是南平市农业科学研究所 1999 年从引进的众多牧草品种中筛选出的、经多年试种观察选育而成的优良青饲型多年生禾本科牧草品种，其植株高大、叶片肥厚、茎秆脆嫩、再生力强，耐热抗旱，耐瘠、更耐肥，耐湿，抗倒伏，具有适口性好、抗病虫性强等特点。鱼、兔、牛、羊、猪、鹅均喜食，是一种可替代象草、杂交狼尾草的优良新型牧草。

1.3.2.1　南牧一号与环境气候

南牧一号喜温暖湿润气候，较耐旱，缺水时叶片萎缩、生长变慢，肥水充足时很快恢复生长，对土壤要求不严，各种土壤均可种植，是适合于热带、亚热带地区生长的优质高产牧草。从南平市农业气象试验站建阳的试验结果看：南牧一号萌芽时间比较稳定，一般在候平均气温≥10.0 ℃时的 2 月下旬中后期，该时段由于北方冷空气仍很活跃，冷热不定，当强冷空气越过武夷山脉南下，气温急剧下降，日极端最低气温≤3.0 ℃，或出现霜、雪时，南牧一号地上部分易受冻甚至死亡。3 月中旬末至下旬日平均气温稳定通过 12.0 ℃界限温度后，南牧一号生长较稳定。旬平均气温≥18.0 ℃时，进入生长旺盛阶段，再生速率可达 2.0～6.9 cm/d；进入冬季至初霜前，温度虽能满足南牧一号的生长所需，但由于冬季降水相对较少，植株生长缓慢，再生速率仅 0～1.4 cm/d。冬季需采用种茎或种根挖坑深埋方法进行人工越冬保种。全年可刈割4～5 茬，每茬需活动积温约 1 124～2 000 ℃·d，天数为 42～92 d。

1.3.2.2　区划指标

选取≥12.0 ℃活动积温为区划主要指标，同时考虑年降水量为辅助指标，将南平市南牧一号种植区域分为适宜区、不适宜区。区划指标详见表 1.5，区划结果详见图 1.5。

表 1.5　南平市南牧一号精细区划指标

区划指标	适宜区	不适宜区
≥12.0 ℃活动积温（℃·d）	≥5 000	<5 000
年降水量（mm）	1 600～1 900	≥1 900

图 1.5　南平市南牧一号精细区划

1.3.2.3　区划结果与分区描述

（1）南牧一号适宜种植区

主要分布在延平、建阳、建瓯、顺昌等县（市、区）及其他海拔 600 m 以下的中低海拔区域。该区温度适宜、降水量适中，能较好地满足南牧一号生长对光、温、水的要求。该区南牧一号年生长季在 220 d 以上，每年刈割 3～5 次，可产鲜草达 15 万 kg/hm² 以上，发展南牧一号可获得较好的经济效益。

该区主要气候特点是：≥12.0 ℃活动积温在 5 000 ℃·d 以上；年降水量在 1 600～1 900 mm 之间；年平均气温≥16.0 ℃，1 月平均气温 6.5～9.6 ℃，7 月平均气温≥25.5 ℃。

（2）南牧一号不适宜种植区

主要分布在政和与建瓯东部、武夷山西部、浦城北部山区及其他海拔 600 m 以上的山区。

该区主要气候特点是：≥12.0 ℃活动积温在 5 000 ℃·d 以下；年降水量在 1 900 mm 以上，年平均气温＜16.0 ℃，1 月平均气温在 6.5 ℃以下，7 月平均气温在 25.5 ℃以下。

该区气候条件虽能满足南牧一号生长所需，但生长季短，即年生长季不足 220 d，年刈割次数不足 3 次，自然村落少，交通不便，牧草运输和管理成本增加，发展南牧一号经济效益不明显，因此不建议在该区种植南牧一号。

1.4　莲子

莲子也称白莲、子莲，属睡莲科莲属，是我国特种水生经济作物，生产区域性强，在世界区域生产中独占鳌头；也是"中国莲"的三大类型之一，它是以采食莲子为主要目的的，所以，在荷莲植物栽培分类中又称为子莲。莲子是一种水生宿根草本植物，其果实青蓬（嫩莲子）既可生食，又能熟食，是餐桌宴席上的美味佳肴，成熟的老莲子（石莲子）经过加工后可制出丰富多样的珍贵食品。其本身含有丰富的营养，包括糖类、脂肪、氨基酸、维生素 C、维生素 B，以及铁、磷、钙等矿物质。此外，莲子还含有一种氧化黄心树柠碱，具有抗癌的作用，长期食用能强身壮体，延年益寿，是一种天然无公害的保健食品，深受国内外消费者的青睐。

在我国莲子约有 2000～3000 a 的栽培历史，汉高祖时期，湖南省湘潭人民就把白石铺产的莲子作为"贡品"，唐、宋、明、清历代都把莲子纳入贡品，官方称为"贡莲"。莲子现今在我国长江流域中下游地区栽培较多，仅次于藕莲，主要分布在湖北、湖南、江西、福建、浙江、安徽、河南、广东、山东等省部分县（市）的少数区域。闽北莲子以建瓯"建莲"最为有名，"建莲"于清乾隆四十一年（1776 年）开始种植，主产于建瓯市吉阳、芝城百口塘等地。

1.4.1　莲子与环境气候

据陈舒启等（1994）研究，在每个莲蓬心皮数、蕾数、莲子蓬数、每个莲蓬壳莲粒数、壳莲百粒重五个因素中莲子蓬数、每个莲蓬壳莲粒数、壳莲百粒重是构成莲子壳莲产量的主要因素。即莲子蓬数居主导地位，每个莲蓬壳莲粒数次之，壳莲百粒重再次之。另据报道，我国莲子生产存在着产量低而不稳、经济效益低的问题，其原因是莲子成花率和结实率难以提高，莲子腐败病为害严重等问题。因此，要因地制宜发展莲子生产，就必须了解各区域自然优势，特别是气候环境优势。从资料查询结果看，目前有关莲子生长与各气象要素的关系研究，以及莲子区划布局研究仍未见报道。故借鉴太空莲研究成果，对本区莲子种植布局做些探索性工作。

1.4.1.1　莲子与温度

据刘梅等（2007）研究，太空莲是一种喜温作物，温度对其生长发育有决定性的影响。太空莲对温度的要求较高，气温稳定通过 18.0 ℃以上时，太空莲根茎才能迅速发芽生长，气温高生长快，第一批花的花芽分化也早；花期的温度必须在 22.0～28.0 ℃之间，当气温大于 28.0 ℃时，花芽分化停止，不能开花。莲子与太空莲同属一类植物，也具有以上相同的特性。

1.4.1.2　莲子与降水

据鲁运江（2001）介绍，莲子虽说是喜水植物，但不耐大渍大涝。据刘梅等（2007）试验研究，花期降水量大，较有利于开花，而当降水过少时，就会影响开花。即花期降水量大于 126 mm 时对太空莲花芽分化及开花较为有利。

1.4.1.3　莲子与光照

刘梅等（2007）通过对太空莲生长期间的旬日照时数的对比，得出日照对太空莲的影响主要在开花期。旬日照时数介于 27.2～78.9 h 之间，有利于花芽分化，但是旬日照时数大于 80 h 则不利于花芽分化，即花芽分化停止。

1.4.1.4　莲子与相对湿度

在太空莲开花期间，田间空气的相对湿度大都大于 80%，如小于 80%，则对开花不利。即花期的空气相对湿度小于 80% 时，立叶下的花芽停止分化，就造成了花期结束早，花期短，花量少,对花芽分化及现蕾开花极为不利。

1.4.1.5　莲子与风向

据周明全等(1994)研究,由于莲的授粉特性使莲子壳莲产量具有明显的方位效应。即中间和北边的壳莲产量显著高于南边,结蓬数和每蓬结实数也是如此。其原因是该研究区域莲子生长期间盛行偏南风所致。

1.4.2　区划指标

由于莲蓬数、每个莲蓬壳莲粒数、壳莲百粒重是构成莲子壳莲产量的主要因素,而其中前两个因素更为重要,且与花芽分化和花期适宜的温度、降水、光照、空气相对湿度、风向与风速等天气条件关系密切。而对于闽北来说,影响莲花芽分化和开花的最主要因子是日平均气温在22.0~28.0 ℃之间的日数。为此选取6—10月日平均气温在22.0~28.0 ℃之间的日数为区划的主要指标,同时考虑花期降水量、日照时数、坡度作为参考指标。区划指标详见表1.6,区划结果详见图1.6。

表 1.6　南平市莲子精细区划指标

区划指标	适宜区	不适宜区
6—10月日平均气温在 22.0~28.0 ℃的日数(d)	80~85	<80 或≥85
坡度(°)	≤1	≤1

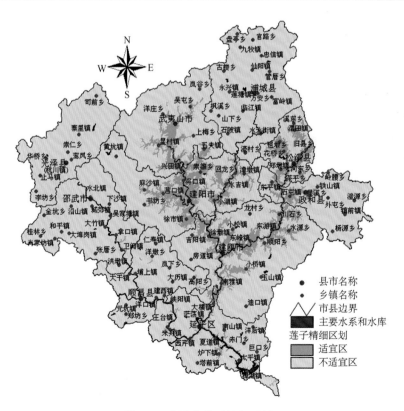

图 1.6　南平市莲子精细区划

1.4.3　区划结果与分区描述

1.4.3.1　莲子适宜种植区

主要分布在武夷山、建阳、建瓯、松溪和政和等县(市)，顺昌、延平、邵武等县(市)也有零星分布，面积相对较小。即位于崇阳溪、松溪、建溪沿河谷宽阔田块，与历史上建瓯市贡莲产区基本吻合。

此区气候特点是：6—10 月日平均气温 22.0～28.0 ℃的日数在 80～85 d 之间，花期旬降水、旬日照时数适宜，有利于莲子营养生长、生殖生长和二次花芽形成与开花，以及提高壳莲百粒重。

1.4.3.2　莲子不适宜种植区

除适宜区以外的其他区域为莲子不适宜种植区，面积较大，各县(市、区)均有分布。

该区 6—10 月日平均气温 22.0～28.0 ℃的日数小于 80 d 或大于等于 85 d，特别是灌溉条件较差、土壤肥力不足。

1.4.4　生产布局与建议

(1)在莲子种植布局中，除考虑气象因素要有利于莲子生长和二次花芽分化、开花，延长花期，提高成花率、结实率和百粒重外，还应考虑土壤条件，宜选择土壤含钾量高的农田种植。

(2)适时移栽。当日平均气温稳定通过 15.0 ℃以上时开始移栽。若移栽过早，土温低，则栽后生长缓慢，藕身和顶芽易受冻害；若移栽过迟，顶芽伸长，则易损伤折断，同时生育期缩短，两者均影响产量。

(3)合理密植。若密度过大，则花期、采摘期提前，荷梗增高，花蕾数增多，但莲蓬偏小，实粒数减少，结实率、百粒重略降，产量下降，且用种量增加，成本提高；若密度太小，则莲蓬少，产量低。种植密度以在整个生长过程中，地下茎遍布全田空隙，发挥最大光合效率为宜。

1.5　葡萄

葡萄，属落叶藤本植物，掌状叶、3～5 缺裂，复总状花序、通常呈圆锥形，浆果多为圆形或椭圆形，色泽随品种而异。人类在很早以前就开始栽培葡萄，其产量几乎占全世界水果产量的 1/4。葡萄果实营养价值很高，可制成葡萄汁、葡萄干和葡萄酒。粒大、皮厚、汁少、优质、皮肉难分离、耐贮运的欧亚种葡萄又称为提子。福建葡萄栽培种植始于 20 世纪 80 年代，稳于 20 世纪 90 年代，盛于 2000 年后。据不完全统计，截至 2011 年，南平市葡萄种植面积约 0.407 万 hm²，占全省种植面积的 40%以上，年产值超过 4 亿元，并以年增加 5%～10%的速度稳步发展。目前，形成了生产、销售、鲜食、加工酿酒、技术服务等完整的产业链，是闽北新农村发展重要的高效绿色支柱产业之一。主要栽培品种有：早熟品种京亚、京玉，中熟品种巨峰，晚熟品种红地球等。

1.5.1　葡萄与环境气候

1.5.1.1　葡萄与温度

温度是影响葡萄能否顺利通过萌芽、抽梢和开花物候期的重要因素。露地栽培的葡萄，春季当土温升高到 12.0 ℃左右时,根系开始生长。当气温达到 10.0 ℃并持续一周以上时,葡萄开始生长,12.0 ℃左右开始萌芽,此期如遇 -3.0 ℃以下低温则萌动的芽受冻。新梢生长期的平均气温必须达到 13.0 ℃,白天气温升到 20.0～25.0 ℃为新梢生长旺盛的时期,若遇 -1.0 ℃低温嫩梢和幼叶受冻。气温达 15.0 ℃以上时始花,开花坐果期间平均气温在 14.0 ℃以上时,对开花结果有利,开花期遇到 14.0 ℃以下的低温会引起受精不良,子房大量脱落,白天气温 20.0～25.0 ℃是较适宜的开花期温度。始花期若遇 0 ℃以下气温,花器受冻,即使气温未达 0 ℃,只要气温骤降也会造成胚珠发育异常,花粉活力降低。果实膨大期要求温度 20.0～30.0 ℃,成熟期的适宜温度是 28.0～32.0 ℃。昼夜温差达 10.0 ℃以上时,浆果含糖量高,品质好。不同的葡萄品种从萌芽到果实充分成熟所需 ≥10.0 ℃活动积温是不同的,早熟品种为 2 500～2 900 ℃·d,中熟品种为 2 900～3 300 ℃·d,晚熟品种为 3 300～3 700 ℃·d。

1.5.1.2　葡萄与降水

葡萄生长期对降水量的需求也有一个临界值,降水量达不到这个值,葡萄生长发育会严重受阻,产量显著下降。但不同的生长发育阶段对降水量的需求不同,生长初期(萌芽期)对水分要求较高,开花期要求适当干燥,浆果生长期需水较多,成熟期要求水分较少。一般年降水量在 500～800 mm 是较适合葡萄生长发育的,但是南平市年降水量均超过 1 000 mm。葡萄开花期,若天气阴湿会影响授粉受精,引起落花落果。浆果成熟期,若阴雨连绵、湿度过大或水分分布不均匀,会引起病害滋生、果实腐烂、糖度降低、裂果等。如果自然降水的多寡与葡萄的需求不一致,会造成"水分胁迫",影响葡萄对光、热资源的利用。目前,闽北推广避雨设施栽培可以调节水分管理。

1.5.1.3　葡萄与光照

光照对葡萄生长和品质起决定性作用,若光照充足,则植株生长健壮,叶片肥厚,叶色浓绿,光合作用旺盛,营养物质积累多,花芽分化好,果实着色好,含糖量也高;光照充足还可抑制病害的发生。光照不足,则叶片薄,枝条细,节间长,光合能力弱,合成养分少,对树势和花芽分化及果实的坐果、膨大、着色、成熟、香气、酒质等都有重要的影响。但是,葡萄对光照的需求并不是越强越好,夏季中午高温伴随着强烈的光照,葡萄在强光的照射下果面温度可达 50.0 ℃,常会发生日烧病;同时,叶片在中午光照条件最好的时候则会发生"午睡现象",使得 30%～50% 的光合产物白白损失。目前避雨栽培可以防止夏季中午强光和高温危害。

1.5.1.4　葡萄与冻害、冰雹和大风

从闽北葡萄栽培看,从萌芽至成熟需 120～180 d,期间会遭受多种农业气象灾害的侵袭,如萌芽期冻害,果实膨大期的干旱、洪涝及冰雹危害,以及因气象原因引发的病虫害等,影响葡萄正常生长发育,导致减产,甚至绝收。其中以冻害、洪涝、冰雹对葡萄产量的影响最大,如 2010 年的"3·5"冰雹、"3·10"晚霜冻、"6·13—6·20"特大暴雨洪涝就是最新的例证。

1.5.2　区划指标

从全国葡萄栽培分布看,从南部海南省至北部黑龙江省、从东部山东省至西部新疆维吾尔自治区各地均有葡萄栽培,品质风味也各具特色。但是,由于各地环境气候条件不同致使葡萄

的生育期、栽培方式和栽培技术存在明显差异。福建大粒葡萄规模栽培始于 20 世纪 80 年代建阳市(原建阳县)潭城街道考亭村,随后逐渐推广至全省,故建阳市考亭村有"福建葡萄第一村"之美称。建阳葡萄生育期:3 月上、中旬萌芽;4 月下旬—5 月上旬开花;5 月初开始幼果膨大;早熟品种 6 月上旬开始转色,中熟品种 6 月中、下旬开始转色,晚熟品种 7 月上、中旬开始转色;早熟品种 7 月上旬成熟,中熟品种 7 月中旬—8 月上旬成熟,晚熟品种 8 月中、下旬成熟。栽培方式有露地棚架栽培、避雨设施栽培及地膜覆盖栽培等。因此,从理论上说,本市各地均能种植葡萄,但是考虑现有栽培模式、管理措施和光能利用等因素时,就有最适宜区、适宜区和非经济种植区之分。参考罗国光等(2004)葡萄气候区划≥10.0 ℃活动积温、水热指数指标,采用权重打分法,进行葡萄最适宜区、适宜区和非经济种植区划分。区划指标详见表 1.7,区划结果详见图 1.7。

表 1.7　南平市葡萄精细区划指标

区划指标	最适宜区	适宜区	非经济种植区
3—8 月生长期≥10.0 ℃活动积温(℃·d)	3 800~4 300	3 300~3 800	<3 300
5—7 月水热指数(K_{5-7})	2.81~3.75	≥3.75	≥3.75
5—6 月水热指数(K_{5-6})	3.65~4.80	≥4.80	≥4.80
6—7 月水热指数(K_{6-7})	2.53~3.63	≥3.63	≥3.63

图 1.7　南平市葡萄精细区划

1.5.3 区划结果与分区描述

1.5.3.1 葡萄最适宜种植区

该区各县(市、区)均有分布,主要位于南平市中南部的建阳、政和、建瓯、顺昌、延平的大部分区域,以及富屯溪、崇阳溪、南浦溪等几大溪流的沿河谷平坦地带。

其气候特点是:3—8月葡萄生长期≥10.0 ℃活动积温 3 800~4 300 ℃·d;5—7月水热指数 K 值为 2.81~3.75,5—6月水热指数 K 值为 3.65~4.80,6—7月水热指数 K 值为 2.53~3.63。即全生育期热量条件好,能生产出较好的鲜食葡萄,上市时间较早,具有市场价格高优势。也达到了北方生产酿酒葡萄的热量要求,但是成熟期水热指数在 2.5 以上,病虫害发生较重,应加强防治。

1.5.3.2 葡萄适宜种植区

该区面积较大,各县(市、区)均有分布,主要位于光泽、邵武、武夷山、浦城大部和其他县(市、区)较高海拔区域。

其气候特点是:3—8月葡萄生长期≥10.0 ℃活动积温 3 300~3 800 ℃·d;5—7月水热指数 K 值≥3.75,5—6月水热指数 K 值≥4.80,6—7月水热指数 K 值≥3.63。即全生育期热量条件适宜葡萄生长,但是成熟期水热指数在 3.5 以上,收获期相对推迟,与北方葡萄收获季节重叠,价格优势不明显,且雨水较多,易发生病虫害。

1.5.3.3 葡萄非经济种植区

该区主要位于光泽、武夷山、建阳交界处,邵武西南部,武夷山西北部,浦城东北部,政和东部和建瓯东南部。

其气候特点是:3—8月葡萄生长期≥10.0 ℃活动积温小于 3 300 ℃·d;5—7月水热指数 K 值≥3.75,5—6月水热指数 K 值≥4.80,6—7月水热指数 K 值≥3.63。即全生育期热量条件适宜葡萄生长,但是现有栽培模式下葡萄不能正常越冬,易受冻害袭击,且村庄稀,人口少,故将此区划分为葡萄非经济种植区。

1.5.4 生产布局与建议

从区划结果看,目前葡萄种植区均在最适宜区内,鲜食、加工酿酒和饮料用葡萄的热量条件充足;但成熟期水热指数较高,大于 2.5,与前苏联达维塔雅的研究成果(在水热指数 K 值介于 2.0~2.5 之间时,只可生产一般的葡萄酒)仍有差距,现已成为制约闽北葡萄品质提高的重要因素之一。但随着科技进步,因地制宜调整葡萄品种布局和采取避雨设施栽培、促早栽培、延后栽培等措施可实现葡萄特色产业的可持续发展。

(1)从水热指数 $K_{5—6}$ 和 $K_{6—7}$ 看,中晚熟品种成熟期前 2 个月的水热指数明显小于早中熟品种成熟期前 2 个月的水热指数,十分有利于中晚熟葡萄品种着色和可溶性固形物(糖度)提高,即本区域更适宜发展中晚熟葡萄种植。

(2)晚霜冻是影响本区域葡萄产量和品质的最主要农业气象灾害之一,如 2010 年的"3.10"晚霜冻危害。应采取综合防灾避害措施,提高葡萄的防冻和抗冻能力。

1.6　丹桂

丹桂是指开红花的桂花。桂花(又名木樨)是木樨科木樨属植物。浦城丹桂叶片较大,花香味清纯,花色橙黄或橙红。丹桂是一种迟花品种,春梢萌发较迟;枝条硬而短粗;叶片椭圆形,叶缘出现钝锯齿形状,叶面颜色为墨绿色;秋梢生长旺盛;春梢和头年秋梢的叶腋间着生1~2 个花芽,很少出现重叠现象;每个花序由 5~7 朵小花组成,顶端节间突出簇出呈花球状,二年生的枝条顶端也着花。浦城丹桂花期多在 9 月下旬—10 月上旬,花冠呈现橙黄色,随着时间的推移,逐渐变为橙红色,极为美丽,香气清纯,具有观赏和食用价值。丹桂品种稀少,再加上丰姿艳丽,花色灼灼烁人,观赏价值较高,是盆栽品种中最理想的花卉之一。据全国各主要城市对桂花资源及品种的广泛调查与鉴定,整理出桂花的四个品种群:四季桂品种群、银桂品种群、金桂品种群、丹桂品种群。其中,丹桂品种有大花丹桂、齿丹桂、朱砂丹桂、宽叶红等品种。

丹桂在闽北各地均有种植,以浦城县最负盛名。浦城种植丹桂可以追溯到南北朝时期,至今有 2 000 年以上的历史。在浦城县境内古寺、村宅、民居的房前屋后,仍存有 120 余株千年古桂。浦城县临江镇水东村杨柳尖自然村的一株丹桂,一树九枝,故名“九龙桂”,其树高 15.6 m,胸围 4.6 m,冠幅 15.8 m,最高年产鲜花达 240 kg 以上,属“千年古桂”,被称为福建“桂花王”。浦城全县 19 个乡(镇、街道办事处)、284 个行政村均有丹桂种植,总量达 200 多万株,占全县桂花总种植面积的 80% 以上。目前全县规模种植近 266 hm²,发展丹桂乡(镇)1 个,丹桂村184 个,建成武夷丹桂园和浦城丹桂园 2 大基地,仅绿洲山水休闲旅游区内种植丹桂就达 2 万余株,成为景区生态旅游的一道亮丽风景。浦城是全国丹桂种植面积最大的县,1989 年丹桂被浦城县人民代表大会常务委员会命名为县花。

1.6.1　丹桂与环境气候

桂花喜温暖,抗逆性强,既耐高温,也较耐寒,在我国秦岭、淮河以南的地区均可露地越冬。

桂花较喜阳光,亦能耐阴,在全光照下其枝叶生长茂盛,开花繁密;在阴处生长枝叶稀疏,花稀少。若在北方室内盆栽尤需注意有充足光照,以利于桂花生长和花芽的形成。

桂花对土壤的要求不太严,除碱性土和低洼地或过于黏重、排水不畅的土壤外,一般均可生长,但以土层深厚、疏松肥沃、排水良好的微酸性沙质壤土最为适宜。

浦城县 2 000 多年的丹桂种植历史验证了浦城县的气候环境十分适宜丹桂生长,全县从海拔 200~1 700 m 均有分布,开花期迟早不一。而气象条件对丹桂营养生长、生殖生长、鲜花产量、花香味均有影响。据浦城县丹桂气象观测站 2010—2011 年物候期数据显示:芽膨大期在 2 月下旬—3 月初、展叶盛期在 3 月中下旬、现蕾期在 9 月下旬、开花期在 9 月下旬—10 月上旬,如 2010 年 2 月 22 日芽膨大至 10 月 7 日开花末期持续 287 d,≥10.0 ℃有效积温2 740.7 ℃·d;而 2011 年 3 月 1 日芽膨大至 10 月 6 日开花末期持续 279 d,≥10.0 ℃有效积温 2 717.0 ℃·d,两年持续天数相差 8 d,有效积温相差 23.7 ℃·d。从各生育期气象要素分析来看,芽膨大期候平均气温必须达 15.0 ℃以上;现蕾前必须日平均气温≤20.0 ℃或日极端最低气温≤20.0 ℃持续 4 d 以上低温催化膨大,才能现蕾,低温持续时间越长,花量越多;开花期日平均气温必须介于16.0～23.0℃之间,但日极端最高气温不得高于30.0℃,日平均气温越稳定,花期越集中且持续时间越长。

此外,晚霜冻是影响丹桂产量和品质的最主要农业气象灾害之一,如2010年"3.10"晚霜冻对当年丹桂产量和品质影响明显。

1.6.2　区划指标

从全国桂花调查看,丹桂种群资源分布较广;但因各地气候环境不同,开花期迟早、花期持续长短、花量多少、花香浓淡存在差异。为此,将浦城县城郊丹桂产花量和花香浓度所处气候指标作为区划参考,故选取3—8月日平均气温≥15.0℃与9月日平均气温≥20.0℃的总日数作为区划指标,进行丹桂适宜区、次适宜区和非经济种植区划分。区划指标详见表1.8,区划结果详见图1.8。

表1.8　南平市丹桂精细区划指标

区划指标	适宜区	次适宜区	非经济种植区
3—8月日平均气温≥15.0℃与9月日平均气温≥20.0℃的总日数(d)	≥195	170～195	<170

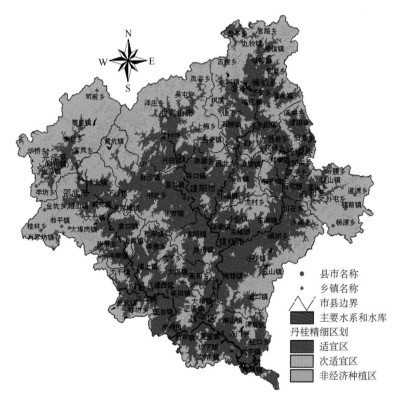

图1.8　南平市丹桂精细区划

1.6.3　区划结果与分区描述

1.6.3.1　丹桂适宜种植区

该区面积较大,各县(市、区)均有分布,主要位于浦城中南部,武夷山南部,政和中西部,建阳、松溪、建瓯、顺昌、延平大部分区域,以及光泽、邵武的部分区域。

其气候特点是:3—8 月日平均气温≥15.0 ℃与 9 月日平均气温≥20.0 ℃的总日数大于195 d,即丹桂芽膨大至现蕾营养生长和生殖生长时间长,丹桂营养生长充分,生殖生长、花芽分化充分,有利于花香素的形成和花香浓度的提高。另浦城县城关日极端最低气温≤20.0 ℃初日一般出现在 9 月中下旬,现蕾在 9 月下旬,开花期在 10 月上旬。在此基础上,纬度越往南,花期越往后推迟;海拔高度越高,花期越提早。

1.6.3.2　丹桂次适宜种植区

该区面积较适宜种植区小,主要位于光泽大部、浦城北部、政和东部、武夷山北部、建瓯东南部和邵武西南部,以及其他县(市、区)的部分区域。

该区气候特点是:3—8 月日平均气温≥15.0 ℃与 9 月日平均气温≥20.0 ℃的总日数介于 170～195 d 之间,即丹桂芽膨大稍迟,而现蕾提早,营养生长和生殖生长时间较适宜区短,产花期提前,产花量稍少,花香浓度也较高,能达丹桂系列产品生产所需原料要求。一般,较浦城县城关附近乡(镇)花期提早 7～10 d。

1.6.3.3　非经济种植区

该区面积小,主要位于光泽、武夷山、建阳交界处,邵武西南部,武夷山北部,浦城东北部,政和东部,以及建瓯东南部的较高海拔区域。

其气候特点是:3—8 月日平均气温≥15.0 ℃与 9 月日平均气温≥20.0 ℃的总日数小于170 d,即丹桂芽膨大至现蕾营养生长和生殖生长时间为 4 个多月,生长周期短,花量和花香浓度相对不足。另该区人员居住少,故将此区划分为非经济种植区。

1.6.4　生产布局与建议

(1)制定丹桂产业发展规划,进一步扩大种植规模。从南平全市丹桂种植面积看,主要集中在浦城县,其余县(市、区)仍有发展的空间,各地可以根据不同的定位需要,选择不同的品种进行繁殖。例如:以采花为目的宜选用花繁而密的丰产型,如开花、落花整齐的潢川金桂、金桂、籽银桂、橙红丹桂等;以观花闻香为目的,宜选用大花丹桂、籽丹桂、朱砂丹桂、大花金桂、圆瓣金桂等;作灌木、盆栽、盆景宜选用日香桂、大叶佛顶珠、月月桂、四季桂、九龙桂、柳叶桂等;作乔木或庭园主景宜选大叶黄银桂、金桂、大叶丹桂、大丹金桂、橙红丹桂等。

(2)加强丹桂品种选育、栽培管理和深度加工系列产品研发力度,建立健全生产、销售、技术服务、丹桂茶、丹桂食品、丹桂精油等完整的产业链,提高丹桂产业的经济、社会和生态效益。

(3)出台丹桂省级、国家级技术标准;实施浦城丹桂地理标志产品保护;深入挖掘丹桂文化底蕴,举办推广丹桂文化节和博览会,使浦城丹桂产业成为全国的名优特色产业。

1.7 橘柚

橘柚是橘和柚杂交育成的杂柑类品种。建阳橘柚是建阳市良种场和农业开发示范场科技人员利用果树在栽培过程中易产生芽变的特性,从日本甜春橘柚变种中优选并扩繁育成的杂柑新品种。该品种果面亮黄色,果实含糖量高,果肉晶莹多汁、细嫩化渣,兼有橘和柚的风味,品质上佳,经济效益显著,是闽北新植果园和旧园改造的首选果树之一。据统计,截至 2011 年仅建阳市橘柚栽培面积达 2 000 hm² 以上,总产量达 5 000 万 kg,占整个闽北橘柚种植面积的 3/4,优质果率达到 70%,年产值 3 亿多元。2011 年 11 月 7 日国家质检总局发布公告,正式通过福建省建阳市 6 家橘柚生产企业提出的地理标志保护产品专用标志资格使用申请审核,给予注册登记。

1.7.1 橘柚与环境气候

橘柚适应性强,能适应不同的土壤,如黄红壤、沙壤、菜园土等,比温州蜜柑更耐旱、耐寒、耐高温。1991 和 1999 年两次特大冻害,极端最低气温达 −7.7 ℃,芦柑、温州蜜柑和橙类秋梢受冻,大部分叶片脱落,而建阳橘柚只有嫩梢受冻,具有较强的抗寒性。建阳橘柚对疮痂病、溃疡病、炭疽病也表现出较强的抗性,螨类、蚧类、潜叶蛾等为害也较温州蜜柑轻。物候期:在建阳市,橘柚 3 月中旬萌芽,抽发春梢;4 月上旬现花蕾,中旬初花,下旬盛花,花期较长,花量大,能开多批花;5 月上旬为第 1 次生理落果;5 月下旬—6 月上旬出现第 2 次生理落果并开始抽夏梢;8 月上旬抽秋梢;11 月上旬开始着色;12 月上中旬果实成熟;果实生育期 220~230 d。

据黄若展(2009)研究,甜春橘柚在福建省德化县单果重、可溶性固形物含量、固酸比随海拔的升高而降低。即海拔高度≤400 m(年平均气温≥18.6 ℃,≥10.0 ℃活动积温在 5 925 ℃·d 以上)区域结果良好,产量高,品质较好,效益好,适宜栽培。同时,试验还表明,不同海拔区域甜春橘柚树高、冠径差异显著,春梢、秋梢生长量差异极显著,夏梢生长量差异不显著。因此,≥10.0 ℃活动积温多、果实膨大期日照充足和降水量少而不干旱是橘柚优质的必要条件。

橘柚果园要求海拔高度较低的丘陵山地,开阔向阳,光、温条件较好,排灌水方便,土质疏松,土层深厚,土壤为中性或微酸性的壤土或沙壤土,有利于树体生长和产量的提高。

1.7.2 区划指标

据黄若展(2009)研究和参考温州蜜柑的区划指标,选取年平均气温、≥10.0 ℃活动积温和 90%保证率极端最低气温为区划指标。区划指标详见表 1.9,区划结果详见图 1.9。

表 1.9 南平市橘柚精细区划指标

区划指标	最适宜区	适宜区	不适宜区
≥10.0 ℃活动积温(℃·d)	5 800~6 300	5 300~5 800 或 6 300~6 800	≥6 800 或<5 300
年平均气温(℃)	18.5~20.0	<18.5	<18.5
90%保证率极端最低气温(℃)	≥−6.0	−8.0~−6.0	<−8.0
坡度(°)	≤25	≤25	>25

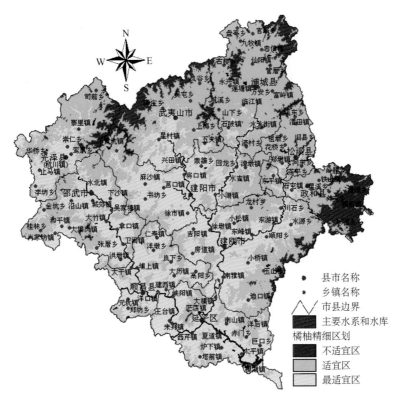

图 1.9　南平市橘柚精细区划

1.7.3　区划结果与分区描述

南平市橘柚最适宜种植区位于富屯溪、崇阳溪和闽江的沿河谷地带。随着海拔高度的升高,热量减少,逐渐过渡到橘柚适宜种植区,海拔再升高,进入不适宜种植区。

1.7.3.1　橘柚最适宜种植区

该区主要位于建阳、建瓯、顺昌、延平的大部分区域,光泽、邵武的部分区域,以及浦城、松溪和政和的少部分区域,分布于海拔高度在 500 m 以下、坡度小于 25°的山地或山排田。

该区气候特点是:极端最低气温(90%保证率)一般都在 −6.0 ℃ 以上,橘柚越冬条件好,一般只有轻冻;≥10.0 ℃ 活动积温在 5 800～6 300 ℃·d 之间;年平均气温在 18.5～20.0 ℃ 之间,生长季热量丰富,有利于橘柚优质高产。

1.7.3.2　橘柚适宜种植区

该区面积相对较小,主要位于浦城、松溪、政和大部,武夷山北部,建瓯东南部,光泽东北部,以及邵武部分坡度小于 25°的山地。

该区气候特点是:极端最低气温(90%保证率)一般都在 −8.0～−6.0 ℃ 之间;≥10.0 ℃ 活动积温为 5 300～5 800 ℃·d 或 6 300～6 800 ℃·d;年平均气温小于 18.5 ℃,越冬条件尚可,个别年份会遭遇比较严重的冻害。

1.7.3.3　橘柚不适宜种植区

该区主要位于武夷山脉、鹫峰山脉、仙霞岭山脉的高海拔山区。该区气候特点是：极端最低气温（90%保证率）一般在－8.0 ℃以下；≥10.0 ℃活动积温小于5 300 ℃·d；年平均气温低于18.5 ℃；越冬条件差，常遇重度的冻害甚至引起植株死亡。生长季短，果小味酸，不适合橘柚的经济栽培。

1.7.4　生产布局与建议

根据温州蜜柑树龄偏大、市场萎缩和经济效益低等情况，应该大幅调减南平市温州蜜柑的种植面积，扩大质优、价高的橘柚种植面积，建立集鲜食、加工和休闲观光于一体的橘柚生产基地。重点发展以建瓯为中心，联合建阳、顺昌、延平、政和、松溪等县（市、区），将橘柚园主要布局于这几个县（市、区）低海拔的河谷两旁。贯彻"向热量条件较好的低海拔河谷地区集中"的战略，争取获得高的经济效益。

1.8　茶叶

南平市盛产茶叶，茶树品种资源极其丰富，名目繁多，如武夷岩茶、正山小种、政和功夫、闽北水仙、建阳白茶等。特别是武夷岩茶产于武夷山地区，是中国乌龙茶中之极品，为中国十大名茶之一。

南平市土壤呈酸性，土质肥沃，加上南平市属中亚热带海洋性气候和山地切割明显，山间盆谷地沿河交替分布，高低悬殊，山间多峡谷，云雾易聚难散等地形地貌形成的局地小气候环境，都是闽北优质茶树成长必不可少的因素。经过闽北人不断地培育、选择、鉴定、优中选优，即先挑选出普通名枞，再从普通名枞中挑选出名枞，从而形成了现今品质风格各异的名枞，如大红袍、铁罗汉、白鸡冠、水金龟、瓜子金、金钥匙、半天腰等，以及区外引进的铁观音、肉桂等。南平市被茶叶界人士誉为中国茶树品种的宝库。

1.8.1　茶叶与环境气候

土壤是茶树养分和水分的主要来源。茶树喜酸耐铝、忌碱忌钙。一般而言，表土层为团粒结构、较疏松，心土为块状结构的砾质壤土或黏壤土，对茶树生长有良好作用。无公害茶园对土壤肥力的指标要求为：土层深厚，有效土层不低于70 cm；耕作层理化性质良好，茶树生长最好的pH值为5.0～5.5，有机质含量大于1.5%，全氮含量大于0.8 g/kg，土壤容重1.0～1.4 g/cm³，土壤孔隙度45%～65%。

冬季茶树能忍耐的极端最低气温在－5.0～－18.0 ℃之间，不同品种间差异明显。大叶种如云南大叶种在－5.0 ℃时，叶片就明显受冻；中、小叶种茶树可忍耐较低的极端最低气温。一般茶树生长要求极端最低气温在－7.0～－10.0 ℃之间，≥10.0 ℃活动积温大于3 700 ℃·d。

茶树有耐阴喜阳的特性。在柔和的漫射光下，绿茶品质好，有利于开发名优茶。

茶树喜湿忌涝，满足其正常生长的年降水量至少在1 300 mm以上，最适宜在1 500 mm以上，相对湿度接近80%或以上。

从南平市茶叶品质看，以武夷山茶叶最为出名，而武夷山茶叶根据种植地域又分为正岩茶、半岩茶和洲茶。凡是正岩茶的产地,土壤含沙砾量都较多,达 24.83％～29.47％,土层较厚,土壤疏松,孔隙度在 50％左右,土壤通气性良好,透水性能也好,有利于排水,茶叶品质好;而岩茶红、黄壤上的茶叶或是洲茶,品质都较差。早在公元 758 年,唐代陆羽在《茶经》中就指出:"上者生烂石,中者生砾壤,下者生黄土。"由此得到证实。

1.8.2　区划指标

南平市地处中亚热带季风气候区,总体有利于茶叶生长。但茶叶品质、产量因地形、地貌、海拔高度等地理条件形成的丘陵局地小气候,以及土壤质地的不同而不同。其中,气候条件起着决定性的作用;而在气候因素中,降水和光照条件对茶树生长和茶叶品质的形成还不是限定性因素,起主导作用的是热量条件,即茶叶生长季的积温与限制茶树安全越冬的冬季极端最低气温。

根据南平市的热量条件和茶区中、小叶种茶树的实际生产状况以及结合长期的生产经验,以≥10.0 ℃活动积温为主导指标,以 90％保证率的极端最低气温为限制性指标进行区划。区划指标详见表 1.10,区划结果详见图 1.10。

表 1.10　南平市茶叶精细区划指标

区划指标	最适宜区	适宜区	不适宜区
≥10.0 ℃活动积温(℃·d)	≥4 500	4 000～4 500	<4 000
90％保证率的极端最低气温(℃)	≥-8.0	-9.5～-8.0	<-9.5

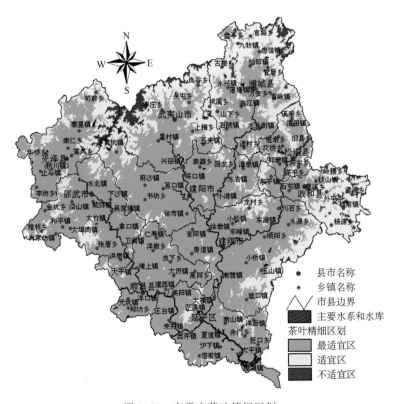

图 1.10　南平市茶叶精细区划

1.8.3 区划结果与分区描述

1.8.3.1 茶叶最适宜种植区

该区分布较广,10县(市、区)均有分布。如武夷山茶叶最适宜种植区为南坡在海拔850 m以下、北坡在海拔650 m以下的山地区域。

该区域气候特点是:≥10.0 ℃活动积温在4 500 ℃·d以上;90%保证率的极端最低气温在-8.0 ℃以上;年平均气温可达15.0 ℃左右;茶树在3月底—4月初越冬芽开始萌发生长;日平均气温10.0～20.0 ℃的持续日数在170 d以上,茶树年生长季有5个多月,但是该区由于海拔较低,气温高,光照足,尤其是夏季高温,影响茶叶生长和品质提高。总体种植茶叶可获得良好的经济效益。

1.8.3.2 茶叶适宜种植区

该区主要分布在光泽与建阳、建阳与武夷山、武夷山与浦城、浦城与松溪交界处,武夷山、浦城中北部、政和东部、建瓯东南部乡(镇),以及其他零星分布乡(镇)。如武夷山茶树适宜种植区为南坡在海拔850～1 200 m、北坡在海拔650～900 m之间山地。

该区气候特点是:≥10.0 ℃活动积温达4 000 ℃·d;年平均气温和90%保证率的极端最低气温分别可达14.0 ℃左右和-9.5 ℃以上;4月上旬茶树越冬芽开始萌发生长;日平均气温10.0～20.0 ℃的持续日数160 d左右。

1.8.3.3 茶叶不适宜种植区

该区主要分布在光泽与武夷山、光泽与建阳、建阳与武夷山交界和武夷山北部等武夷山脉,浦城东北部仙霞岭山脉,政和东部、建瓯东南部鹫峰山脉的高海拔区域。如武夷山南坡海拔1 200 m以上、北坡海拔900 m以上的山地。

该区气候特点是:≥10.0 ℃活动积温低于4 000 ℃·d;年平均气温、90%保证率的极端最低气温分别可在13.6 ℃和-9.5 ℃以下。由于生长季热量不足,茶树冬季不能安全过冬,发展茶叶,产量低,经济效益差,而且易引起茶园水土严重流失,导致生态环境的破坏,故区划为不适宜种茶区。

1.8.4 生产布局与建议

(1)合理规划。闽北山区降水量大,雨日多,加之山坡又陡,土壤含沙量大,特别是在森林植被遭到严重破坏的情况下,当有暴雨来袭时,茶园土壤易被冲刷,造成泥石毁田,淤塞河床、塘坝等,加重洪涝灾害,因此建议坡度大于25°的山地尽量不开垦种茶。对南坡海拔1 200 m以上和北坡海拔900 m以上的区域,必须营造水源涵养林,保护植被,保持生态系统的平衡。在适宜茶叶种植气候区,若坡度在25°以下的山地种茶,也必须合理密植,并在茶园路边、沟旁、空隙地大力植树造林,减少雨水冲刷,提高土壤的渗透能力,减少雨水的径流量,从而达到提高水土保持能力的目的。

(2)科学密植。山区太阳辐射量较少,光照弱,气温低,茶树个体生长发育速度缓慢,分枝、发芽能力受自然条件的限制,个体比较矮小,迟迟不能封行封园,土地暴露面大于茶树绿色面,不仅光能严重浪费,而且引起水土严重流失。按中、小叶种茶树,种茶行丛距可以是1.5 m×(0.3～0.4) m,单行双株种植,亩植茶树3 000～4 000株。同时,根据海拔高度、土壤肥力的不同,茶树的群体结构还应有所区别:低海拔、肥力较高的茶区,宜适当种稀些。

(3)防冻害。对喜温性的茶树而言,冻害仍是个突出问题。据调查:易发生冻害的部位和坡向,一般以山体中上部重,中下部轻;北坡重,南坡轻。因此,在闽北、武夷山发展茶叶生产,应选种抗寒能力强的品种;秋茶施肥与秋耕宜早不宜迟,并重视有机农肥和氮、磷、钾合理配施;正确掌握春茶前茶树的修剪技术,并在茶树越冬芽萌动之前进行。

(4)品种布局。根据闽北、武夷山的气候、土壤条件,除武夷山桐木关定点发展小种红茶之外,其他区域仍以发展乌龙茶为主。但大面积生产中,应注意不同发芽期茶树品种的配茶种植。早芽种有黄旦、福云6号等;中芽种有槠叶种、金观音、白芽奇兰等;迟芽种有肉桂、水仙、政大等。早、中、迟的种植面积之比为2:3:2。

1.9　猕猴桃

1.9.1　猕猴桃与环境气候

猕猴桃幼苗和幼树喜阴,成年树喜光。经监测,中华猕猴桃和美味猕猴桃需要的年日照时数为1 700~2 600 h。猕猴桃喜潮湿,怕干旱,又不耐涝渍。在栽培条件下,一般需要有灌水条件,当空气相对湿度为60%~80%时,即可良好生长。在自然分布状况下,中华猕猴桃和美味猕猴桃所处的常见温度指标如表1.11。从表1.11可见,美味猕猴桃更耐低温。

表1.11　中华猕猴桃和美味猕猴桃正常生长发育所需的温度

种类	年平均气温 (℃)	最适宜年平均 气温(℃)	≥10.0 ℃活动 积温(℃·d)	1月平均气温 (℃)	7月平均气温 (℃)	极端最低气温 (℃)	极端最高气温 (℃)
中华猕猴桃	11.0	14.0~20.0	4 500~6 000	−3.9~4.0	26.3~29.1	−12.0	42.6
美味猕猴桃	10.0	13.0~18.0	4 000~5 200	−4.5~5.0	24.0~32.0	−15.8	41.1

猕猴桃对大风很敏感。大风可以折断幼枝蔓,使叶片破碎或脱落,严重时刮落果实或机械损伤果皮。但微风有利于猕猴桃果园通风透气,减少病虫害发生。

猕猴桃要求微酸性到中性土壤,土壤质地切忌黏重,并且以腐殖质含量高、团粒结构好、土壤持水力强、通气性好为最理想。

1.9.2　区划指标

两种猕猴桃的区划指标主要引用表1.11提供的猕猴桃对热量的需求,分别见表1.12和表1.13。此外,猕猴桃在南平市丘陵山区适应性较广,本区划只是粗略划出"可种植区"和"不宜种植区"供参考。

表1.12　南平市中华猕猴桃精细区划指标

区划指标	年平均气温(℃)	≥10.0 ℃活动积温(℃·d)	80%保证率极端最低气温(℃)	7月平均气温(℃)
可种植区	14.0~20.0	4 500~6 000	≥−12.0	26.3~29.1
不宜种植区		不符合上述条件的其他地方		

表 1.13 南平市美味猕猴桃精细区划指标

区划指标	年平均气温(℃)	≥10.0℃活动积温(℃·d)	80%保证率极端最低气温(℃)	7月平均气温(℃)
可种植区	13.0~18.0	4 000~5 200	≥−15.8	24.0~32.0
不宜种植区	不符合上述条件的其他地方			

1.9.3 区划结果与分区描述

1.9.3.1 中华猕猴桃

中华猕猴桃对温度条件有一定的要求,温度超过 30.0℃,生长量明显下降,温度超过 33.0℃时果实的向阳面即发生日灼。一定的低温有利于花芽分化,但当极端最低气温降到 −12.0℃以下时,将受冻死亡。中华猕猴桃在闽北 10 个县(市、区)均有广泛的适应性。南平市"中华猕猴桃可种植区"和"中华猕猴桃不宜种植区"分布详见图 1.11。

图 1.11 南平市中华猕猴桃精细区划

(1)中华猕猴桃可种植区

该区主要分布在 10 个县(市、区)中海拔的山区。

该区气候特点是:年平均气温 14.0~20.0℃;≥10.0℃活动积温 4 500~6 000℃·d; 80%保证率极端最低气温在−12.0℃以上;7月平均气温达 26.3~29.1℃。

（2）中华猕猴桃不宜种植区

一是武夷山脉、鹫峰山脉高海拔山区，积温少，热量不足，不适宜中华猕猴桃种植；二是南平市延平区低海拔山区，温度太高，同样不适宜中华猕猴桃种植。

1.9.3.2　美味猕猴桃

与中华猕猴桃相比，美味猕猴桃需要更加冷凉的气候。它适宜在年平均气温 13.0～18.0 ℃、≥10.0 ℃活动积温 4 000～5 200 ℃·d、80％保证率极端最低气温在−15.8 ℃以上、7 月平均气温在 24.0～32.0 ℃之间的地方栽培。南平市"美味猕猴桃可种植区"和"美味猕猴桃不宜种植区"分布详见图 1.12。

图 1.12　南平市美味猕猴桃精细区划

（1）美味猕猴桃可种植区

主要分布在浦城、武夷山、邵武、光泽、松溪县（市）的大部分区域，以及其他县（市、区）的局部区域。

该区气候特点是：年平均气温 13.0～18.0 ℃；≥10.0 ℃活动积温 4 000～5 200 ℃·d；80％保证率极端最低气温在−15.8 ℃以上；7 月平均气温 24.0～32.0 ℃。

宏观布局上，主要在武夷山、鹫峰山区开辟果园，有计划地引种扩种推广优质品种。美味猕猴桃更喜冷凉的气候，在山区微观布局上可以考虑高海拔种植美味猕猴桃、中海拔种植中华猕猴桃的格局。

(2)美味猕猴桃不宜种植区

与中华猕猴桃类似,一是武夷山脉、鹫峰山脉高海拔山区,积温少,热量不足,不适宜美味猕猴桃种植;二是南平市延平区低海拔山区,温度太高,同样不适宜美味猕猴桃种植。

1.9.4 生产布局与建议

猕猴桃营养价值高,近年来市场价格较高,发展前景好。目前市场上的猕猴桃大部分是外地调运的,因此,本地化生产仍是今后的主攻方向。在猕猴桃的布局上,主要在武夷山、鹫峰山脉开辟果园,有计划地引种扩种推广优质品种。根据猕猴桃幼苗和幼树喜阴、成年树喜光的特性,种植初期可以与短周期经济作物混作,争取最大经济效益。重点在浦城、武夷山、松溪、建阳、光泽、邵武、顺昌、松溪、政和9县(市)交通便利的区域建园。

与中华猕猴桃相比,美味猕猴桃生长季所需热量要少,冬季更耐冻,因此两者可以进行分层布局,中华猕猴桃布局在中下层,美味猕猴桃布局在中上层。

1.10 蔬菜

蔬菜是人们日常饮食中必不可少的食物之一。蔬菜可提供人体所必需的多种维生素和矿物质。蔬菜的种类极为丰富,按食用蔬菜植物的器官大致可以分为根菜类、茎菜类、叶菜类、花菜类和果菜类这五大类。

近年来南平市蔬菜产业发展迅速,据不完全统计,2011年南平市全年蔬菜种植面积11.54万 hm²;其中春种蔬菜3.67万 hm²、夏种蔬菜2.87万 hm²、秋冬种蔬菜1.80万 hm²、冬种蔬菜3.20万 hm²。而建瓯市蔬菜生产在福建全省名列前茅,蔬菜种植面积达2.13万 hm²,占南平市蔬菜总面积的18.46%,年产蔬菜42万 t。其中设施栽培蔬菜1 000 hm²,年产蔬菜3万t。建瓯市实现蔬菜年产值7.86亿元。

蔬菜的品种繁多,除非个别蔬菜品种有特殊需要外,一般按品种逐一进行区划不切实际。根据《福建省三条特色农业产业带四大主导产业和九个重点特色农产品发展区域布局规划》,结合南平市自然气候特点,考虑到市场需求、生产传统、技术水平以及生产加工能力等等,提出了南平市蔬菜区域布局的两大类型区:春提前、秋延后蔬菜生产区,夏季反季节蔬菜生产区。

1.10.1 区划指标

根据蔬菜市场需求和南平市的自然气候特点,以年平均气温为主导指标,以年极端最低气温多年平均值和最冷月或最热月平均气温为辅助指标,将全市分为2个蔬菜生产区。区划指标详见表1.14,区划结果详见图1.13。

表 1.14 南平市蔬菜精细区划指标　　　　　　　　　　　　　　　　　　　单位:℃

区划指标	年平均气温	年极端最低气温多年平均值	最冷月或最热月平均气温
春提前、秋延后蔬菜生产区	16.5~20.0	<1.0	(最冷月)<10.5
夏季反季节蔬菜生产区	14.2~16.5	<1.0	(最热月)22.4~25.0

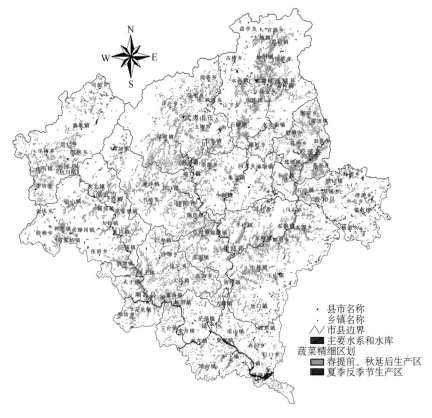

图 1.13　南平市蔬菜精细区划

1.10.2　区划结果与分区描述

1.10.2.1　春提前、秋延后蔬菜生产区

该区分布较为广泛,10 个县(市、区)低海拔区域均有分布。即为除武夷山西北部地区,建阳、武夷山、光泽交界地区,浦城的东北部分地区,政和东部大部区域外的大部地区。

该区的气候特点是:热量适中,年平均气温 16.5～20.0 ℃,最冷月平均气温 5.0～10.5 ℃,最热月平均气温 27.0～33.5 ℃,可以说"冬无严寒,夏无酷暑"。与高海拔山区相比,该区春季开始早,秋季结束晚。由于丘陵山地对气候的再分配作用,该区具有多样性的山地气候,有利于多品种蔬菜种植。此外,该区生态环境优越,交通便利,是全国绿色食品生产优势区域。

1.10.2.2　夏季反季节蔬菜生产区

该区主要分布在武夷山西北部地区,建阳、武夷山、光泽接壤地区,浦城的东北部分地区,以及政和东部大部区域。

该区最主要的气候特点是:夏季比较凉爽,最热月平均气温仅 22.4～25.0 ℃。另外,生态环境优越,少有工业"三废"污染。可以利用高海拔山区相对冷凉的气候进行夏季反季节蔬菜栽培。

1.10.3　生产布局与建议

（1）春提前、秋延后蔬菜生产区，优先布局于浦城、武夷山、建阳、建瓯、邵武等县（市）。要充分利用该区气候多样的特点，面向周边的省内、外大中城市，利用季节差，积极发展"春提前、秋延后"蔬菜生产，将其建设成为福建省蔬菜生产区和出口蔬菜加工原料区。

（2）夏季反季节蔬菜生产区，优先布局于政和县东部台地乡（镇），即"二五区"澄源、杨源、镇前乡（镇），邵武市西南部，建瓯市东南部，以及武夷山、建阳市和光泽县交界区域的高海拔山区。要利用该区夏秋冷凉气候进行反季节蔬菜生产，特别是向南方城市每年 8—10 月的夏秋淡季蔬菜市场供应，以提高经济效益。要加强新品种的引进示范推广，丰富可栽培的蔬菜种类。加强新技术引进与消化，尤其是采后冷藏储运和包装，减少烂耗。要加强生态保护、基础设施建设和规范化栽培技术示范推广，确保高山夏秋反季节蔬菜生产的可持续发展。

1.11　花卉

花卉有广义和狭义两种定义。狭义的花卉是指有观赏价值的草本植物，如凤仙、菊花、百合、鸡冠花等；广义的花卉除有观赏价值的草本植物外，还包括草本或木本的地被植物、开花灌木、开花乔木及盆景等。

南平市花卉种植历史悠久。据调查，主要有百合、月季、唐菖蒲、香石竹、满天星、萱草、杜鹃花、兰花、菊花、蕨类植物以及园林苗木等品种。其中，延平区茫荡山风景区内的天然百合花培育基地，培植百合 4 万多株，品种达 26 种，紫、绿、粉红、绛红、奶黄、橙黄、乳白等花色应有尽有。在现代社会，人们经常由于鲜花宜人的外观和香味而以各种方式种植、购买和佩戴，以及在各种各样的活动场合中使用鲜花。因此，发展花卉种植产业，前景广阔。

1.11.1　区划指标

不同的花卉，其生物学特性各不相同。它们对光照、温度、水分等环境条件的要求也不同。依生物学特性，一般将其分为喜阳性和耐阴性花卉，耐寒性和喜温性花卉，长日照、短日照和中间性花卉等。其中，耐寒性花卉有月季、芍药、金盏、石竹、石榴等花卉，一般能耐 −3.0～−5.0 ℃的短时间低温，冬季能在室外越冬；喜温性花卉有大丽花、美人蕉、茉莉、秋海棠等花卉，一般要在 15.0～30.0 ℃的温度条件下，才能正常生长发育，它们不耐低温，冬季需要在温度较高的室内环境越冬。从生物学角度出发，温度在花卉生产中是至关重要的指标。本区划先以传统的方法划分两个区，而后进行区划评述并讨论花卉的优化布局。从而避免因两个区的自然气候、社会经济条件不同，影响花卉生产的发展重点。将全市划分为中亚热带花卉区和中亚热带山地花卉区，区划指标详见表 1.15，区划结果详见图 1.14。

表 1.15　南平市花卉精细区划指标

区划指标	最冷月平均气温（℃）	≥10.0 ℃活动积温（℃·d）	极端最低气温平均值（℃）
中亚热带花卉区	＞6.0	＞5 400	＞−6.5
中亚热带山地花卉区	≤6.0	≤5 400	≤−6.5

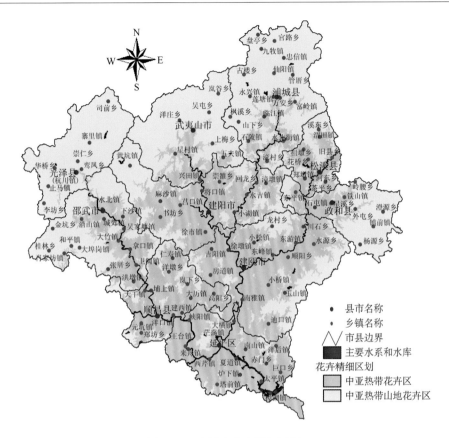

图 1.14　南平市花卉精细区划

1.11.2　区划结果与分区描述

以最冷月平均气温、≥10.0 ℃活动积温、极端最低气温平均值等指标将南平市划分为中亚热带花卉区和中亚热带山地花卉区两大花卉区,详见图 1.14。

1.11.2.1　中亚热带花卉区

该区各县(市、区)均有不同分布,即主要位于除光泽大部,武夷山、浦城中北部,政和东部的大范围区域。该区年平均气温 16.9～20.4 ℃,最热月平均气温 23.4～28.7 ℃,最冷月平均气温在 6.0 ℃以上;年极端最低气温一般为−6.5 ℃以上;≥10.0 ℃活动积温大多在 5 400 ℃·d以上;年降水量 1 430～1 850 mm;年日照时数 1 640～1 800 h。

1.11.2.2　中亚热带山地花卉区

该区范围包括光泽、武夷山与浦城以北、邵武以西、政和以东的部分海拔较高地区。该区年平均气温<17.1 ℃,最热月平均气温 18.9～23.4 ℃,最冷月平均气温≤6.0 ℃;极端最低气温平均值一般≤−6.5 ℃;≥10.0 ℃活动积温大多≤5 400 ℃·d;年降水量 1 760～2 230 mm;年日照时数 1 550～1 770 h。

1.11.3　生产布局与建议

（1）中亚热带花卉区。以发展月季、唐菖蒲、香石竹、满天星、百合等为主的鲜切花为重点之一；同时开发武夷山的萱草、杜鹃花、兰花、蕨类植物和百合等富有地方特色的野生花卉资源，发挥花卉生产潜力。

（2）中亚热带山地花卉区。该区海拔较高，气候冷凉，地广人稀，耕作粗放。适合发展唐菖蒲、百合、小苍兰等球根类花卉。该区夏季气候有利于大花蕙兰等名贵花卉花期的调控生产，发展潜力较大。

1.12　黄桃

桃为落叶小乔木，因其果肉颜色呈金黄色，俗称为黄桃。生产上常种植的有 6 个种类，即普通桃、新疆桃、甘肃桃、山桃、陕甘桃和西藏桃。根据它们对气候条件的要求及其自身的适应能力、生长特性和果实性状等特点，又可分为若干个品种群。黄桃从利用方式上属于加工（罐藏）桃，根据果实生长需要的日数还可分为特早、早、中、晚、特晚等品种。2005 年南平市浦城县开始引种浙江省奉化、安徽省砀山地区的黄桃，其品种和熟性见表 1.16。

表 1.16　2005 年浦城县主栽黄桃品种熟性表

品种名称	熟性	结果—成熟需要天数（d）	所处时段	花芽分化始期
早 83	早熟	76～113	6 月中旬—8 月上旬	7 月中旬
奉罐 2 号	早熟	76～113	6 月中旬—8 月上旬	7 月中旬
7414	早熟	76～113	6 月中旬—8 月上旬	7 月中旬
浙金 1 号	早熟	76～113	6 月中旬—8 月上旬	7 月中旬
金童 5 号	中熟	116～137	7 月中旬前	7 月中下旬
金晖	中熟	116～137	7 月中旬前	7 月中下旬
红罐 5 号	中熟	116～137	7 月中旬前	7 月中下旬
金童 7 号	晚熟	＞137	8 月中下旬	8 月上中旬
金童 19 号	晚熟	＞137	8 月中下旬	8 月上中旬
锦绣	晚熟	＞137	8 月中下旬	8 月上中旬

1.12.1　黄桃与环境气候

1.12.1.1　黄桃与温度

桃为喜温、喜光树种，秋冬季落叶后进入自然休眠期，耐寒力强，在休眠解除后耐寒力下降。而在花期和结果期对温度的要求相对苛刻。花蕾未开放时气温＜－6.0 ℃和开花期气温＜0 ℃，容易发生冻害。幼果形成后的生长适温为 18.0～26.0 ℃，果实接近成熟时需要一定的高温，日平均气温在 24.9 ℃以上时，产量高、品质最佳；过低，则产量、品质下降。福建省南平市浦城县与安徽省砀山县逐月平均气温比较详见表 1.17。

表 1.17　浦城和砀山逐月平均气温比较表　　　　　　　　　单位：℃

月份	1 月	2 月	3 月	4 月	5 月	6 月	7 月	8 月	9 月	10 月	11 月	12 月	年平均
砀山	0.4	3.9	8.8	15.4	20.9	25.5	27.7	26.3	21.9	15.6	8.5	2.8	14.8
浦城	6.4	7.9	12.0	17.6	21.7	24.6	27.5	27.1	23.9	19.0	13.5	8.2	17.5

桃多数品种要求冬季要有 450～1 200 h 的 ≤7.2 ℃ 的低温过程才能通过休眠。不同品种对低温的需要量差异很大。如果冬季温度过高，桃树不能顺利完成休眠，花芽分化不好，会造成翌年春天萌芽晚、开花不整齐、大量落果而使产量降低。据资料记载，年平均气温 ≥ 18.0 ℃ 的地区桃不能通过冬季的低温休眠，造成花芽脱落严重，产量很低，失去栽培价值。

当气温稳定在 0 ℃ 以上时，桃树花芽中的花粉母细胞开始减数分裂，是解除休眠的标志。而在桃树的开花期，若出现日平均气温 ≤0 ℃ 的低温，或日极端最低气温 ≤2.7 ℃，将会导致冻害。

1.12.1.2　黄桃与水分

桃相对耐旱，但桃树在萌芽到休眠的年周期生长发育过程中，都需要有适量的水分。土壤含水量在 20%～30% 时生长正常，15%～20% 时叶片出现凋萎，低于 15% 则出现严重旱情。若花期过于干旱，则会导致花小而不鲜、坐果率低；若在开花后的新梢速长期发生长时间干旱，则新梢短、落果多。在果实近成熟时缺水，则果个小、品质差。

桃树根系较浅，呼吸旺盛，因而不耐水淹，是落叶果树中最不耐涝的树种。据资料记载，桃园淹水 1～3 d，就可造成黄叶、落叶，甚至死亡。

1.12.1.3　黄桃与光照

桃原产于我国西北地区日照时间长的地区，为喜光树种。其树冠开张，叶片狭长，就是喜光的特征。

1.12.1.4　黄桃与土壤

桃树对土壤要求不严格，沙土、黏土均可栽培，但以排水良好、土层深厚的沙质壤土为最好。

1.12.2　区划指标

据了解，桃花芽发育的需冷量，≤7.2 ℃ 在 600 h 以下的为低温品种，600～800 h 的为中低温品种，800 h 以上的为长低温品种。多数品种的需冷量为 750 h。且必须经历这段低温期翌年春天才能正常萌芽开花。从南平市 1961—2000 年 ≤7.2 ℃ 的低温量统计结果看：南平市除南部部分县（市、区）外，北部县（市）多年平均低温量可以满足中短、长低温黄桃品种的需要。

综合考虑黄桃栽培规模、产量和品质，选取冬季低温量、年平均气温、7 月平均气温为区划指标将南平市划分为黄桃适宜种植区、次适宜种植区、不适宜种植区。区划结果详见图 1.15。

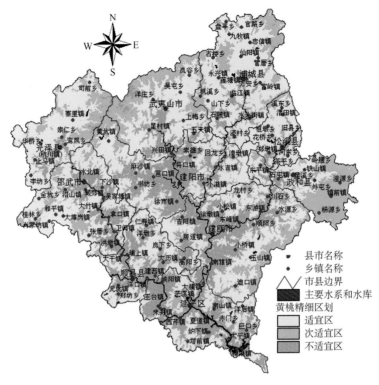

图 1.15 南平市黄桃精细区划

1.12.3 区划结果与分区描述

1.12.3.1 黄桃适宜种植区

南平市海拔高度在 300～700 m 区域,是黄桃的适宜种植区。其年平均气温在 14.9～17.0 ℃之间,能够满足黄桃冬季休眠所需低温和结果期所需热量条件。因此这一区域内无论南片、北片乡(镇),无论低山、丘陵,只要坡度在 5°～25°的山地,在其他条件满足的前提下,均可发展黄桃规模种植。在正常条件下,该区内的黄桃产量和品质应该是相对较好的。同时,7月为黄桃成熟期,若日平均气温<24.0 ℃,会影响黄桃的产量和品质。

1.12.3.2 黄桃次适宜种植区

南平市海拔高度在 700～800 m 和 250～300 m 的部分区域,可以适度发展黄桃种植,但应加强管理。尤其是 3 月下旬—4 月上旬正是黄桃开花期,易出现春季寒害,要做好防寒害准备。另外,该区域结果期的热量状况比适宜区要稍差,所以产量和品质相应可能会低一些。同时,气象灾害如大风、冰雹、暴雨等也相对频繁,这些灾害对黄桃来说属于不利气象条件,在栽培和布局上应该得到充分重视。此外,交通条件和排灌条件在建园时也应给予考虑。

1.12.3.3 黄桃不适宜种植区

该区包括南平市海拔高度高于 800 m 和低于 230 m 的区域。海拔高度大于 800 m 的山地,虽然可以满足冬季低温量的要求,但很难保证热量条件的需要,产量和品质缺乏保障,并且大风、冰雹、暴雨等灾害性天气更加频繁,加上山高路远,运输成本高,不适合规模化栽培,但可在房前屋后就近小规模种植鲜食桃,以增加收入。

南平市海拔高度低于 230 m,大多为南平市的粮、经作物的主要生产基地,即分布在大大小小的溪流两岸的低河谷地带,如遇集中性强降水,易涝难排,桃树病害也多,且冬季的低温量较难符合黄桃休眠的要求,也不适合建桃园。

1.12.4　生产布局与建议

在南平市引种黄桃宜引种需冷量在 600~800 h 的中短低温品种进行规模化种植,长低温品种只能先在海拔较高的山区小面积试种。因此建议中短低温黄桃品种在海拔 300 m 以上区域优先发展。

(1)桃有喜光特性,建桃园应选择光照条件好的朝南山坡,坡度宜小于 25°。这类桃园因光、温条件好,物候期进入早,开花期受强倒春寒天气(晚霜)危害的可能性也增加。栽培管理上应加强防范。布局上宜以中、晚熟品种为主,早熟种不宜过多。

(2)桃树抗风性差,不能在风口、谷地和夏季容易出现大风的地方建园,须先营造防风林,有效减弱风力后再建园。

(3)桃耐旱忌涝,根系好氧,适宜在土质疏松、排水通畅的沙质土壤栽培,低平地和地下水位高于 1.5 m 的地方,应加以改造后建园。

(4)桃不耐储运并对重茬地敏感,边远地区、交通不便地区和原先种过桃的桃园不宜栽培黄桃。桃的生命周期一般只有 15 a 左右,如何适时替代更新,最大限度发挥桃园潜力,增加投资收益,还需深入研究。

(5)开展黄桃物候期观测与记载,积累第一手资料,为黄桃规模化、区域化生产和科学研究提供依据。

1.13　毛竹

毛竹是多年生禾本科植物,从出笋到成材只需 5~7 年。一棵竹根可以逐年不断长出新芽,每年都有成材之竹可以采伐。只要控制每年的采伐量,便可以维持生态平衡,使竹材资源取之不尽。由于竹子成材迅速,采伐与再生基本保持平衡。

1.13.1　毛竹与环境气候

毛竹属温性竹子,广泛分布于长江流域和华南地区。生长适宜区的年平均气温为 15.0~19.0 ℃,降水量在 1 400~1 900 mm 之间。当旬平均气温达 10.0 ℃时,毛竹开始生长;当旬平均气温在 15.0~25.0 ℃之间时,净光合速率达到最大;当气温高于 35.0 ℃时则停止生长。因此,一年中春季和秋季是毛竹生长最旺盛的季节,也是需水量最大的时期,此时供水不足会影响毛竹生长。冬季气温高的地区,毛竹不能正常休眠,也影响毛竹的生长发育和笋的产量。

南平市大部分地区毛竹能够生长,但由于海拔高度不同,垂直气候差异很大,毛竹生长也受到一些限制。毛竹主要分布在丘陵低山向亚高山过渡带,在海拔 500~1 000 m 左右分布最多,常连成大片,如建阳的黄坑镇坳头村及莒口镇华家山等,在此层内,毛竹多分布在阳坡上,陡阴坡分布较少。海拔 500 m 以下毛竹分布较少,常限于阴坡、山注等。为了培育丰产优质的毛竹林,必须根据毛竹的生态习性,正确选择造林地,以最小的投入获得最大的产出。从大范围看,新造毛竹林应选择在毛竹最适宜区和适宜区。南平市毛竹主要物候期及温度、降水状况见表1.18。

表 1.18 南平市毛竹主要物候期及温度、降水状况表

发育期	时间	温度（℃）	降水量（mm）
春笋开始生理活动	2月下旬—3月中旬	10.3～13.0	174
出笋期	3月下旬—4月下旬	14.1～20.4	307
成竹期	5月上旬—11月下旬	21.1～11.7	1 011
毛竹休眠期	12月上旬—翌年2月上旬	9.6～10.0	204
笋芽萌动、膨大期	7—8月开始至冬季		

1.13.1.1 毛竹与热量条件

利用海拔高度与平均气温方程计算出各海拔高度的旬平均气温，然后用插值法求出各海拔高度逐日平均气温。发现日平均气温15.0～25.0 ℃的日数多少与毛竹长势密切相关，用不同区间段的日平均气温和降水量与毛竹胸径做逐步回归分析，仅15.0～25.0 ℃的日数通过了0.10的显著性水平检验。回归方程为：$D=5.1463+0.140x$，式中D为毛竹平均胸径(cm)；x为日平均气温15.0～25.0 ℃的日数(d)。因此，毛竹生长适温范围为15.0～25.0 ℃。在这个温度区间内光合作用最强。

1.13.1.2 毛竹与水分条件

毛竹从孕笋、出笋到成竹需要充足的水分，喜湿是毛竹的显著特性。南平市降水量随海拔高度的升高而增多，南平市正常年份降水量均能满足毛竹生长需要。因此，水分条件的随海拔高度变化对毛竹长势的影响不明显。

1.13.1.3 毛竹与光照条件

一般情况下光照条件好有利于光合作用，对作物生长有利。由于南平市地处山区，云雾随海拔高度的升高而增多，随海拔高度的升高年辐射量逐步减少，但由于其他生态因子的影响掩盖了光因子的影响，光照条件对毛竹生长差异的影响不明显。

1.13.1.4 毛竹与农业气象灾害

高温天气影响毛竹生长：高温条件下毛竹叶片易失水出现卷叶现象；高温增强呼吸作用，降低光合作用，使净光合积累减少甚至异化作用超过同化作用。高温日数的多少是毛竹生长的关键影响因子。冰雪压害是毛竹主要的机械性气象灾害，竹林受害后轻则竹干弯曲、影响质量，重则造成断竹、"倒竹翻"。不同的气候条件和立地条件，毛竹受害程度是不同的。高海拔地区因低温日数多，且降水量大，所以，冰雪压害较严重；而低海拔地区高温日数多，高温危害大，但冰雪压害小。

1.13.2 区划指标

根据南平市不同地点毛竹胸径的调查，毛竹胸径与经纬度相关不显著，而与海拔高度（即与日平均气温15.0～25.0 ℃的日数）显著相关：

$$D=5.206+2.429h-0.24166h^2+0.00689h^3$$

式中D为毛竹平均胸径(cm)；h为海拔高度(100 m)。$F=16.33>F_{0.01}$，方程通过显著性检验。

通过上式计算，海拔高度在700～800 m时毛竹胸径最大；在500～1 000 m之间时毛竹胸径均大于12.0 cm（见表1.19）。

表 1.19　不同海拔的平均毛竹胸径推算值

海拔高度(m)	200	300	400	500	600	700	800	900	1 000	1 100	1 200	1 300	1 400	1 500
胸径(cm)	9.15	10.51	11.50	12.17	12.57	12.74	12.70	12.52	12.23	11.86	11.47	11.09	10.77	10.54

　　毛竹的产量(胸径)与海拔高度的显著相关,是基于降水量、毛竹生长的适温期天数(日平均气温在 15.0~25.0 ℃的日数)、≥35.0 ℃高温日数与海拔高度的显著相关。在低海拔地区,日平均气温>25.0 ℃、日最高气温≥35.0 ℃的天数明显增加,高温使毛竹呼吸作用增强,光合积累减少,同时高温使水分蒸腾速率迅速提高,叶片易于失水,使气孔关闭或代谢受阻,影响同化积累;低海拔地区毛竹生长的适温期天数较中海拔地区少,且低海拔地区降水量较高海拔地区少,易受旱。中海拔地区,毛竹生长适温期长,达 50%以上;高温日数显著减少;降水较丰沛,对毛竹生长最有利。高海拔地区高温日数明显减少且降水丰沛,但适温期短,加之冬季冰雪压害严重,故亦不利于毛竹生长。

　　以日平均气温在 15.0~25.0 ℃的日数占全年天数的百分比为指标,将毛竹栽培分为最适宜区、适宜区和次适宜区。区划指标详见表 1.20,区划结果详见图 1.16。

表 1.20　南平市毛竹精细区划指标

分区指标	海拔高度(m)	适温日数占全年天数的百分比(%)
最适宜区	600~900	51~54
适宜区	400~600 或 900~1 200	47~51
次适宜区	<400 或>1 200	<47

图 1.16　南平市毛竹精细区划

1.13.3　区划结果与分区描述

1.13.3.1　毛竹最适宜种植区

各县(市、区)均有分布,主要位于海拔 600~900 m 的丘陵低山向亚高山的过渡地带,如建阳西北部黄坑镇的坳头、泥阳、大竹岚和西南部的徐市镇、莒口镇与顺昌县交界处的华家山等处。

该区气候特点是:日平均气温 15.0~25.0 ℃的日数占全年天数的 51%~54%,水分条件好,此区内毛竹适宜种在阳坡上。

1.13.3.2　毛竹适宜种植区

各县(市、区)零散分布,主要位于海拔 400~600 m 和 900~1 200 m 的区域,如建阳黄坑、水吉、小湖、漳墩等镇的大部。

该区气候特点是:日平均气温 15.0~25.0 ℃的日数占全年天数的 47%~51%,其中海拔 900~1 200 m 区域水分条件好,但温度较低,毛竹宜种植在阳坡上;400~600 m 区域光照条件好,毛竹宜种植在凹形坡和浅山洼等处。

1.13.3.3　毛竹次适宜种植区

除最适宜区、适宜区外均为次适宜区,主要是海拔 400 m 以下区域和 1 200 m 以上区域。其中海拔 400 m 以下区域温度、光照条件好,但水分条件较差,高温日数多,毛竹生长适温日数占全年总日数的比例小于 41%,毛竹宜种植在阴坡上;1 200 m 以上区域温度条件差,但水分条件好,毛竹生长适温日数占全年总日数的比例小于 47%,毛竹宜种植在阳坡上。

1.13.4　生产布局与建议

毛竹喜湿喜温,怕风、怕旱、怕高温。低山丘陵区,水分条件较差,水分蒸散大,使毛竹叶片易于失水,因而光合作用较弱,同化积累少,毛竹生长较差,宜种植在阴坡、凹地上;中山丘陵区,温度、水分条件好,适温日数多,毛竹长势好,宜种植在阳坡上;高山区,水分条件好,但温度低,适温日数少,毛竹长势稍差,宜种植在阳坡上。此外,中高山区冬季冰雪压害较严重,竹林中宜保持一些耐压树种作为毛竹的支撑,以减轻危害。因此,毛竹最适宜种植在具有一、二类土壤的中海拔丘陵山地。

1.14　茉莉花

南平市的茉莉花种植主要分布在政和县,始于 20 世纪 70 年代末,20 世纪 80 年代由于茶叶经济的迅猛发展,茉莉花种植达到高峰期,到 20 世纪 90 年代随政和县茶叶产业的衰落,茉莉花种植也受到一定的冲击。近几年在政和县政府的有力引导和扶持下,茉莉花种植又焕发新的生机,目前政和县的茉莉花种植面积为全国第二、全省第一,茉莉花种植现已成为该县农村经济的重要支柱之一。

1.14.1　茉莉花与环境气候

1.14.1.1　茉莉花与温度

温度是影响茉莉花生长的重要生态因子,茉莉花对温度反应很敏感,其在 10.0 ℃ 以下生长缓慢,甚至停止活动,19.0 ℃ 左右开始萌芽,28.0～38.0 ℃ 为生长最适温度,25.0 ℃ 以上孕育花蕾。冬季低温对其越冬也存在很大的影响,当气温在 0 ℃ 以下,尤其有霜时,植株的地上部分会受到冻害。凡年平均气温在 18.0 ℃ 以上,产花期气温在 19.0～28.0 ℃ 之间,表土层绝对最低温度在 0 ℃ 以上的地区,均可露天栽培茉莉花,自然越冬。

1.14.1.2　茉莉花与降水

茉莉花喜湿忌涝,种植园地要求土壤湿润,土壤含水量为田间最大持水量的 60%～80% 才有利于茉莉花根系的生长。在产花季节月降水量在 100～150 mm,空气相对湿度为 75%～80%,有利于提高茉莉花的产量和质量。

1.14.1.3　茉莉花与光照

茉莉花生长发育需要充足的光照,直射光尤其适宜其生长发育,如光照强,则生长迅速、着色好、香气浓;如阳光不足,则生长缓慢、花少质差。同时,在足够营养条件下,光照越强茉莉花的根系相对越发达,越有利于提高茉莉花的抗旱、抗寒能力,有利于速生快长,早达丰产优质。

南平市光能资源丰富,年平均日照时数为 1 491.8～1 772.3 h,而其中的 77% 集中在 3—10 月的茉莉花生长和产花期。光能十分有利于茉莉花的生长。

1.14.1.4　茉莉花与土壤

茉莉花适宜种植于土层深厚、肥沃、土质疏松、显微酸性或中性的沙壤土上,切忌碱性土,pH 值以 6.0～6.5 最为适宜。南平市各地以丘陵山地为主,大部分土质为中性土壤。

1.14.2　区划指标

根据茉莉花生态习性及对气候条件的要求,结合现有茉莉花产区的实践调查以及历年产量的丰歉年分析,列出南平市茉莉花区划指标(详见表 1.21),区划结果详见图 1.17。

表 1.21　南平市茉莉花精细区划指标

区划指标	适宜区	次适宜区	不适宜区
≥10.0 ℃活动积温(℃·d)	＞5 600	5 100～5 600	≤5 100
5—6月降水量(mm)	200～500	500～600	＞580

1.14.3　区划结果与分区描述

根据区划指标将南平市茉莉花种植分为适宜区、次适宜区和不适宜区。

1.14.3.1　茉莉花适宜种植区

主要分布在南平市中南部县(市、区)海拔 300 m 以下的沿河谷温暖区。

图 1.17　南平市茉莉花精细区划

该区气候条件优越,光热资源丰富,雨量适中,冬季温暖,有利于茉莉花越冬,夏季高温日数较多有利于提高花的香气和质量。年平均气温在 18.0 ℃以上,1 月平均气温在 7.4~8.1 ℃之间,≥10.0 ℃活动积温多在 5 600 ℃·d 以上,无霜期在 251~264 d 之间,生长季热量丰富。

该区立地条件好,土壤微酸或中性,土层深厚,土质疏松,适宜种植茉莉花。另外,该区交通条件较好,也有利于茉莉花的流通。因此,该区适宜大面积种植茉莉花。

1.14.3.2　茉莉花次适宜种植区

主要分布在海拔 300~500 m 之间的丘陵地带。

该区气候条件相对较差,年平均气温在 17.0~18.0 ℃之间,1 月平均气温在 6.1~7.4 ℃之间,年极端最低气温≤-7.0 ℃出现几率为 15 年两遇,≥10.0 ℃的活动积温在 5 100~5 600 ℃·d 之间。该区气候条件基本能满足茉莉花生长需要,只要加强园地的选择及田间管理仍然能达到高产优质,但交通条件相对较差,对鲜茉莉花的及时出售存在一定影响。

1.14.3.3　茉莉花不适宜种植区

主要集中在南平市中北部县(市)的高海拔地区,该区海拔大部分在 800 m 以上,山高水冷,年平均气温在 17.0 ℃以下,≥10.0 ℃活动积温≤5 100 ℃·d,除一些地形因素形成的小气候区域适宜少量种植外,其余基本不适宜种植。

1.14.4　生产布局与建议

选择合适的茉莉花园地是获得茉莉花高产、稳产、优质、高效的基础。

（1）对于坡度宜选择缓坡地，若坡度过大，则容易造成水土流失，田间管理不便；而若过于平坦，则不利于排水，雨季容易积水烂根。在气温较低的地区宜选择南向山麓的斜坡地，以减少冻害及弥补其热量的不足。

（2）茉莉花园的四周要避开树木或高大建筑物，但也不宜选在峡谷背阴处。

（3）应选择靠近水源、多雨易排、干旱易灌的地方建园。

（4）宜选择交通方便的地方，以便尽快将所采摘的鲜茉莉花抢运至花市出售或茶厂加工。

（5）对于老茉莉花园地，要拣净残根，调整土壤 pH 值，增施微量元素，消除病原体、根线虫，并客土培园，方可重新栽植。

第 2 章　农业气候精细资源与指标

农业气候资源是一种可重复利用的自然资源。南平市具有以丘陵山地为主的低山区地貌特征,既阻挡了西北寒流的侵袭,又截留了海洋的温暖气流,常年雨量充沛、光照充足、气候温润,冬无严寒,夏无酷暑,属典型的中亚热带湿润季风气候。利用 1981—2010 年南平市 10 县(市、区)气象资料分析,南平市各县(市、区)年平均气温在 17.6~19.8 ℃之间,年降水量在 1 628.2~1 936.9 mm 之间,年日照时数在 1 491.8~1 772.3 h 之间,≥10.0 ℃活动积温在 5 953.9~6 903.3 ℃·d 之间,无霜期在 248~302 d 之间。各农业气候精细资源与指标详见图 2.1—图 2.12。

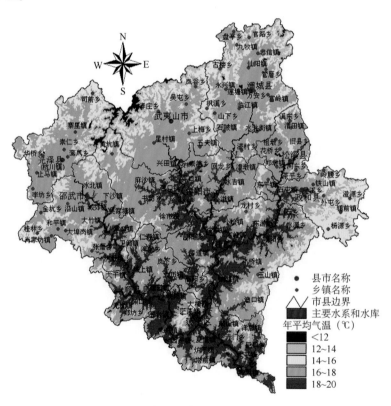

图 2.1　南平市年平均气温分布图

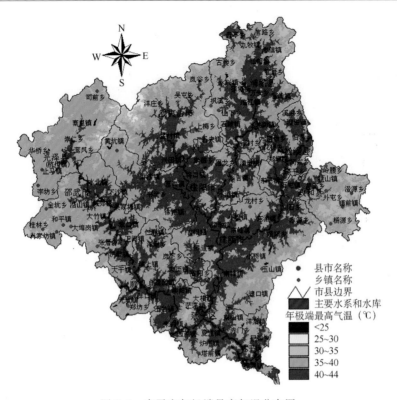

图 2.2 南平市年极端最高气温分布图

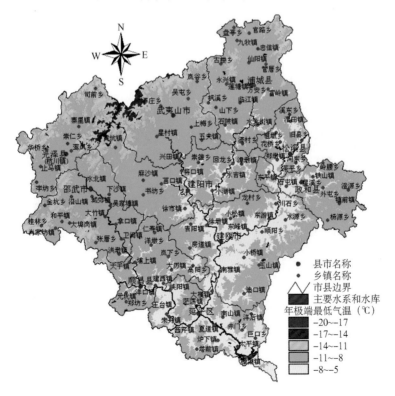

图 2.3 南平市年极端最低气温分布图

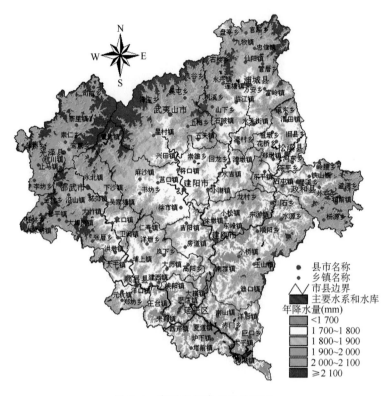

图 2.4　南平市年降水量分布图

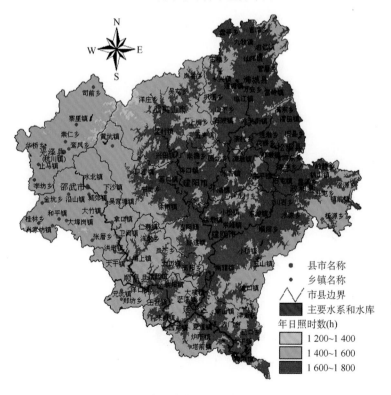

图 2.5　南平市年日照时数分布图

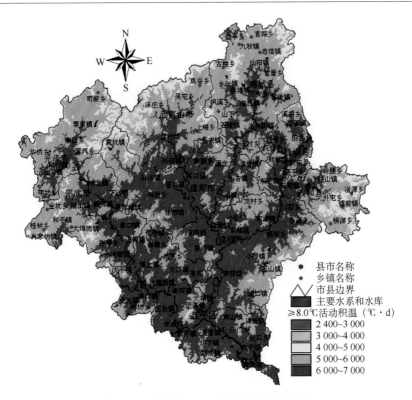

图 2.6 南平市≥8.0 ℃活动积温分布图

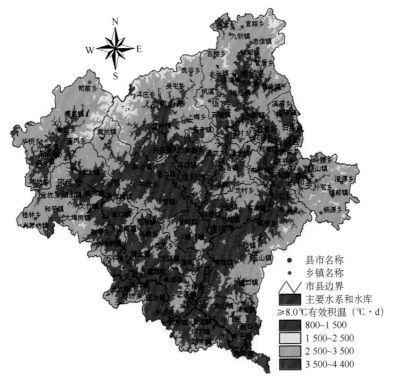

图 2.7 南平市≥8.0 ℃有效积温分布图

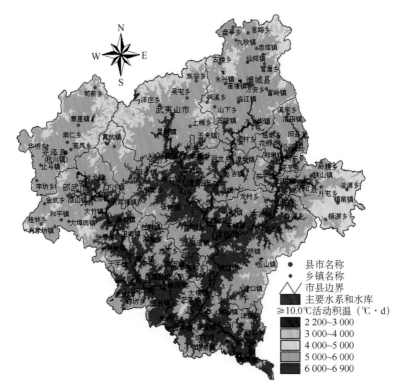

图 2.8　南平市≥10.0 ℃活动积温分布图

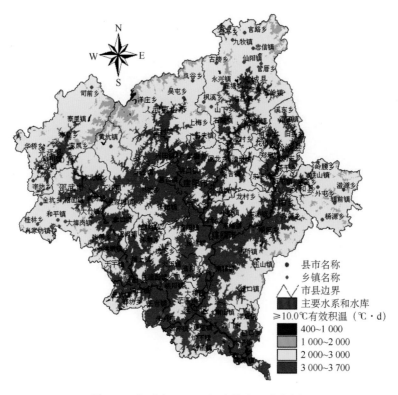

图 2.9　南平市≥10.0 ℃有效积温分布图

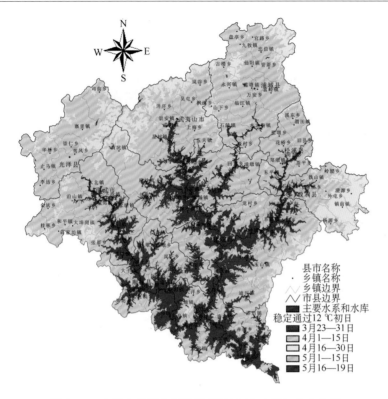

图 2.10 南平市日平均气温稳定通过 12.0 ℃初日分布图

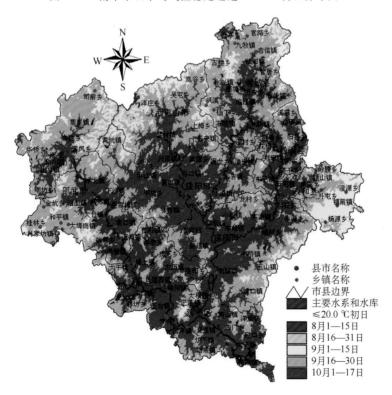

图 2.11 南平市日平均气温≤20.0 ℃初日分布图

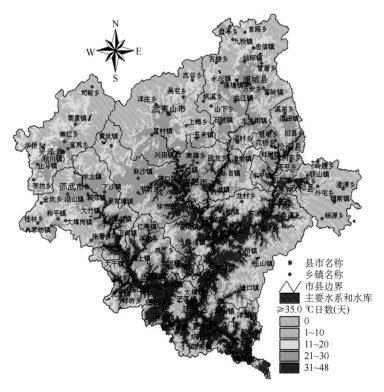

图 2.12　南平市日极端最高气温≥35.0 ℃日数分布图

第 3 章　农业气象灾害

由于每年冬、夏季风进退的迟早不一,强弱不均,故季风气候易于发生旱涝等自然灾害,高温干旱、洪涝、寒害等农业气象灾害时有发生,限制了气候资源的充分利用,影响了农业生产和特色农业发展。南平市常见的主要农业气象灾害有:寒害、暴雨、洪涝、冰雹、大风、干旱等。

3.1　暴雨、洪涝

5—9 月是南平市降水集中期,特别是 5—6 月梅雨季节,降水量约占全年的 34%～38%,不仅雨量多,而且雨期长、范围广、强度大,常出现大雨到暴雨,造成洪涝灾害。据当地气象记录显示,1961—2010 年 5—6 月降水量在 800 mm 以上的年份有 9 年,分别为:1962,1968,1973,1975,1977,1998,2005,2006 和 2010 年。5—6 月降水量以 1962 年的 1 093 mm 为最大,其次是 1998 年的 1 028 mm。近年来较明显的雨季(5—6 月)降水量,2005 年为 948 mm,2006年为 944 mm,2010 年为 984.8 mm。

暴雨引发的洪涝灾害按水分多少的程度,可分为洪水、涝害和湿害。历史上严重的洪涝灾害,都是暴雨强度特别大、持续时间特别长,加上防洪、防涝措施不当如泄洪、农田排水不良而引起的。洪水来势凶猛,常常冲毁堤围、房屋、道路、桥梁,淹没农田作物,冲刷土壤,还可能引起泥石流和山体滑坡等地质灾害,不仅使工农业生产造成严重损失,而且危害交通、建筑、商业,甚至威胁人、畜的生命安全,对整个社会造成巨大损失,是一种特别严重的气象灾害。如:1998 年 6 月 20 日南平市遭受百年一遇大洪灾,山洪暴发、洪水泛滥,对生产和人民生命财产破坏极大,南平市受灾人口 230 万人,因灾死亡 124 人,直接经济损失达 74.93 亿元;2005 年 6月 18—22 日,南平市连续 5 d 普降暴雨、大暴雨,全市 10 个县(市、区)的 141 个乡(镇、街道办事处)受灾,直接经济损失达 27.4 亿元;2006 年 6 月 3—8 日南平市各县(市、区)均出现连续2～3 d 暴雨、大暴雨天气,全市直接经济损失 32.7 亿元;2010 年 6 月 14—26 日,南平市出现了一次长时间的持续性暴雨、大暴雨、特大暴雨天气过程,其影响时间之长、影响范围之广、造成灾情之重为历史罕见,南平市 10 个县(市、区)的 139 个乡(镇、街道办事处)受灾,严重受灾人口 128.7 万人,紧急转移安置 35.56 万人,因灾死亡 59 人,失踪 47 人,直接经济损失 68.28亿元。

3.2　冰雹、大风

冰雹和大风一般多出现在春夏之交空气对流发展旺盛的午后,其特点:

一是发生早、结束迟。强对流天气一般 2 月开始发生,至 8 月以后逐渐减少,个别年份可提前在 1 月出现,推迟至 10—12 月结束。

二是强度大、破坏性强。出现强对流天气时,一些过程的瞬时风速达 12 级或以上。

三是出现频率高,水平尺度小,生命周期短。强对流天气的水平尺度一般小于 200 km,有的仅几千米。生命史一般仅几小时至几十小时。

强对流天气灾害每年均有发生,但是影响范围和受灾程度差异较大(南平市冰雹路径见图 3.1)。据统计,1995—2010 年南平市每年均有冰雹和大风危害发生。例如:2002 年一年内出现了 4 次冰雹和大风危害(3 月 20 日、4 月 3 日、4 月 7 日、4 月 8 日);2003 年 4 月 12 日南平市 6 个县(市、区)出现雷雨大风和冰雹袭击,直接经济损失 4 962.27 万元;2006 年 4 月 10—11 日南平市 8 个县(市、区)出现飑线、大风、冰雹、暴雨等强对流天气,死亡 1 人,重伤 3 人;2007 年 2 月 9 日、4 月 1 日、4 月 22 日南平市部分县(市、区)出现冰雹、大风,灾区土木结构的瓦房、电视接收设备、农作物、经济作物、水利渠道和公路设施等不同程度遭受毁损,不少乡(镇、街道办事处)停电停水;2010 年 2 月 25 日、2 月 26 日、3 月 5 日、3 月 23 日、4 月 12 日、5 月 18 日、7 月 21 日南平市出现了较明显的冰雹、大风天气;其中,3 月 5 日的最大冰雹直径达 50 mm,共有 26 万人受灾,因灾死亡 2 人,紧急转移安置 9.2 万人,农作物受灾面积 1.3 万 hm²,绝收 498 hm²,倒塌房屋 102 间,损坏房屋 11.47 万间,直接经济损失 38 718.1 万元;5 月 18 日的冰雹大风天气过程,雷击造成 2 人死亡、1 人受伤。

图 3.1　南平市冰雹路径图

3.3　寒害

寒害是闽北影响范围最广、受害最普遍的气象灾害之一,包括春寒、倒春寒、五月寒、秋寒和寒潮,尤以寒潮、春寒、秋寒造成的危害为甚,特别是发生在 3 月—4 月上旬的春寒、倒春寒天气是农业生产的一个重大气象灾害。寒害的防御措施:一是可采用地膜覆盖,增温保湿;二是加强移栽期天气预报,采取有效措施,减小春寒、倒春寒对农作物的影响。

3.3.1　春寒

春寒(也称春季低温阴雨):3 月 20 日以前日平均气温低于 10.0 ℃,且连续 3 d 或以上称之为春寒。

春季正值早稻播种育秧和旱地作物播种栽植期,若遇低温阴雨天气,常导致烂种、烂秧和死苗,不但损失良种,还贻误农时,影响夏种作物和晚稻适时播种,导致晚稻后期遭遇低温冷害的几率加大而减产。低温阴雨除影响早稻春播、春种外,对其他种植业、养殖业也有较大的影响。它给春收作物带来湿害,使产量和品质下降:叶菜类蔬菜提早抽薹而降低产量,使蔬菜上市供应量减少和提前结束供应期;早播蔬菜和瓜豆蔬菜作物烂芽、死苗,推迟上市时间而产生蔬菜供应上的春淡季。对果树,则会造成果树开花授粉和果实发育不良,落花落果增加而降低坐果率。低温阴雨还会影响鱼苗生长,甚至发病致死;家畜受寒又易发生各种疫病,甚至造成大量死亡等。最典型的有:2010 年 3 月 6—9 日南平市出现低温连阴雨天气,10—11 日全市出现霜和结冰,期间大部分县(市、区)日平均气温≤12.0 ℃的日数达 6 d,对春播和烟苗有较大的影响,各县(市、区)农作物均有不同程度受灾。据南平市农业局不完全统计:全市农作物受灾面积 5.706 万 hm²,成灾面积 3.167 万 hm²,绝收面积 1.281 万 hm²。另据《闽北日报》报道:3 月 8—10 日,政和县山区最低气温降至-6.9 ℃,境内农作物遭受冻害严重,茶叶、果树、毛芋、马铃薯等农作物大面积受灾,全县有 540 hm² 以上的蔬菜和 267 hm² 以上的果树受冻。茶树末端针叶被冻得发黄变黑,政和全县受灾面积达 4 000 hm² 左右,造成 2 万余担(1 担=50 kg)春茶损失。邵武市 3 447 hm² 茶叶受灾,其中 2 867 hm² 春茶绝收;1/3 面积的竹荪受灾;畜牧业经济损失 1 360 万元;淡水养殖产量损失 158 t,直接经济损失 620 万元。

3.3.2　倒春寒

3 月下旬连续 5 d 或以上、4 月上旬连续 4 d 或以上日平均气温≤12.0 ℃,称之为倒春寒。1995—2010 年南平市发生了两次较大范围(4 个县(市、区)以上)的倒春寒危害,分别出现在 1996 和 2004 年。

从农业生产来说,倒春寒比春寒的危害更大。因为早春农作物播种都是分期分批进行的,一次低温阴雨过程,仅危害和影响一部分春播春种作物,而且早春出现的低温阴雨多数是危害春播作物的叶芽期,而叶芽期作物的耐寒能力相对较强;早春大多数果树还未进入开花授粉期,其对外界环境条件的适应能力亦较强。可是一旦过了"惊蛰"节气之后,气温明显上升,春播春种已全面铺开,各类作物生机勃勃,秧苗陆续进入断乳期,多数果树陆续进入开花授粉期,抗御低温阴雨的能力大为减弱,若这时出现倒春寒天气,就面临大面积烂秧、死苗和果树开花坐果率低之灾害,其他春种作物生长发育也会受到严重影响。近年来较明显的倒春寒为 2004 年 3 月 21—28 日,光泽、邵武、武夷山、浦城、建阳、松溪、政和、建瓯 8 县(市)出现了 5～7 d 日平均气温≤12.0 ℃的强倒春寒。

3.3.3　五月寒

以 5 月 21 日—6 月 10 日,日平均气温≤20.0 ℃且连续 3 d 或以上称之为五月寒。

1995—2010 年五月寒较明显的年份有 1997,1998 和 2000 年。

　　五月寒发生期也正是南平市双季早稻拔节开始即将进入幼穗分化的生殖生长期,从幼穗分化到开花期,生理变化最为复杂,也是决定产量的关键时期,这时早稻对外界环境反应很敏感,抗逆性很弱,特别是幼穗形成初期和花粉母细胞减数分裂期对温度的反应尤为敏感。如这一时期遇到低温阴雨、日照少或遇暴雨袭击,则会延迟抽穗开花,穗结实率显著降低,空壳率明显增加,造成大幅度减产。而此期正值闽北梅雨季节,雨日多,雨量大,光照少,并常伴有冷空气的袭击,造成低温,对双季早稻孕穗及抽穗扬花极为不利。

3.3.4　秋寒

　　9 月开始,连续 3 d 或以上日平均气温≤20.0 ℃或≤22.0 ℃分别称之为 20.0 ℃型或 22.0 ℃型秋寒。一般 9 月中、下旬为南平市双季晚稻的生长季节,正处于温度由高到低的变化时期。此时,北方常有较强冷空气南侵影响本市,往往出现连续阴雨低温或干冷低温天气,双季晚稻抽穗开花期若遇此种天气就会产生大量空壳,严重减产,甚至绝收。

　　20.0 ℃型秋寒:1995—2010 年南平市 9 月出现 20.0 ℃型秋寒的年份有 1997,1999 和 2002 年。

　　22.0 ℃型秋寒:1995—2010 年南平市 9 月出现 22.0 ℃型秋寒的年份有 1995,1996,1997,1998,1999,2000,2002,2003,2004,2006,2008 和 2010 年。

3.3.5　寒潮

　　由于冷空气的侵入,过程降温达 9.0 ℃以上,同时过程最低气温降至 5.0 ℃以下的强降温过程称为寒潮。寒潮的主要特点是剧烈降温和大风,有时还伴有雨、雪、雨凇或霜冻。寒潮不仅对农业可以造成较大危害,而且对渔业、交通、建筑甚至人们的健康带来危害。1995—2010 年南平市发生的较为严重的寒潮天气过程年份有 1999,2001,2004,2006,2008 和 2010 年,其中 2008 年 1 月 13 日—2 月 8 日,南平市出现了长时间的低温雨雪天气,北部出现冻雨、电线积冰、道路结冰等现象,南平市各县(市、区)均不同程度受灾,中北部因线路中断、水管冻裂而出现断电、断水等现象,受灾严重。2010 年 3 月 6—9 日南平市出现强寒潮天气,10—11 日全市又出现霜和结冰,期间大部分地区日平均气温≤12.0 ℃的持续时间达 6 d,对春播和烟苗有较大的影响,各县(市、区)农作物均不同程度受灾。

3.3.6　雪灾

　　降雪是冬春季遭受来自北方的强冷空气袭击而伴随出现的一种天气现象。雪灾则是因降雪造成的灾害,雪灾亦称白灾,是因长时间大量降雪造成大范围积雪而成灾。雪灾对林业、畜牧业危害较大,严重影响和破坏交通、通信、输电线路。南平市北部县(市)和高山区较常见,南部县(市、区)和低海拔地区出现较少。1995—2010 年,共出现 5 次雪灾,分别出现在 2003,2004,2005,2008 和 2010 年。其中,2005 年 3 月 12 日,南平市出现强寒潮并伴随出现罕见的春雪、中北部出现积雪,闽赣交界分水关积雪深度达 26 cm,是有气象记录以来南平市出现时间最迟的一次降雪天气过程。2010 年 12 月 15—16 日南平市出现降雪,除延平区外其余县(市)均出现积雪,积雪深度 1 cm(建瓯、顺昌、邵武)～11 cm(浦城),17 日光泽、邵武极端最低气温达−5.4 ℃,中北部县(市)出现不同程度的灾情。

3.4　高温、干旱

干旱是指在当前的农业生产水平条件下,较长时段内因自然降水量比常年平均值特别偏少,影响农作物正常生长发育而造成损害的一种农业气象灾害。干旱的统计标准见表3.1。

表 3.1　干旱的统计标准　　　　　　　　　　　　　　　　单位:d

标　准 \ 级　别		小旱	中旱	大旱	特旱
春(2月11日至梅雨始)	日降水＜2 mm连旱日数	16～30	31～45	46～60	≥61
	解除雨量(6 d总量)	插秧前≥50 mm,插秧后≥30 mm			
夏(梅雨止至10月10日)	日降水＜2 mm连旱日数	16～25	26～35	36～45	≥46
	解除雨量(3 d总量)	≥20 mm	≥30 mm		
秋冬(10月11日—2月10日)	日降水＜2 mm连旱日数	31～50	51～70	71～90	≥91
	解除雨量(6 d总量)	≥10 mm	≥15 mm		

在农作物生长发育需水关键期,干旱往往给农作物带来严重危害。在农业气象上,研究作物受旱机制时,通常分为大气干旱、土壤干旱和生理干旱。大气干旱的特点是空气干燥、高温和太阳辐射强,有时伴有干热风,在这种环境下植物蒸腾大大加强,使得植物体内水分失去平衡而受害;土壤干旱主要是土壤含水量少,水势低,作物根系不能吸收足够的水分,难以补偿蒸腾的消耗,致使植物体内水分状况不良而受害;生理干旱是指由于土壤环境条件不良,使作物根系生命活动减弱,影响根系吸水,造成植株体内缺水而受害。

干旱按季节可分为春旱、夏旱和秋(冬)旱三种,南平市以夏、秋旱较为常见。其特点:出现频率高,持续时间长,成灾范围广,并有地域多发区和高频多发季。干旱对农业生产的影响较大,其危害程度与其发生季节、时间长短以及作物所处的生育期有关,干旱轻者影响农作物正常生长发育,重者导致作物死亡,使农作物减产或绝收。

此外,还对电力、交通、家禽饮水、工业等有明显影响。2—4月是南平市双季早稻播种、插秧以及旱地作物种植的繁忙季节。此时,农业用水明显增多,如水分不足就会影响春季农业生产。春旱往往造成双季早稻缺水耕田,不能适时播种、插秧,使春种作物缺苗断垄,影响春收作物后期的正常生长,延迟果树的发芽时间等。夏旱影响夏种作物的出苗和生长,影响双季早稻正常灌浆及双季晚稻的移栽成活。秋旱影响双季晚稻和其他秋收作物的生长发育和产量形成。冬旱影响冬种作物播种、出苗及其生长发育。

1995—2010年南平市每年均会出现不同种类、不同程度的干旱。春旱出现最少(2年),10年以上一遇;其次是秋冬旱(5年),3～4年一遇;夏旱出现最多(10年),1～2年一遇。干旱发生范围各地差异较大,如1999和2000年仅少部分县(市、区)出现春、夏连旱,但1995,1996,1999和2003年却有相当部分县(市、区)出现夏、秋、冬连旱,特别是2003年南平市出现了大范围的高温和夏、秋连旱,是南平市有气象记录以来最严重的干旱年。2003年南平市10县(市、区)极端最高气温达40.4～42.3 ℃,大部分县(市、区)创历史最高纪录;≥35.0 ℃的高温日数达51～74 d,亦为历史罕见;下半年全境范围内降水异常偏少,夏季均出现旱至特旱,大部县(市、区)出现夏、秋连旱,南平市农业因旱减产减收造成的经济损失达7.9亿元。

参 考 文 献

白先进,李杨瑞,谢太理,等.2008.广西一年两熟葡萄栽培的气候基础.广西农学报,**23**(1):1-4.

陈爱美,吴永泉,陈金美.2008.浦城丹桂发展与气象服务.福建气象,(4):56-57.

陈舒启,周明全,胡中立,等.1994.子莲产量构成因素分析.耕作与栽培,(2):17-18.

福建省制图院.2012.福建省地图集.福州:福建省地图出版社:140-141.

黄若展.2009.甜春橘柚在德化县的适应性表现.福建果树,(3):40-42.

蒋宗孝,黄廷炎,徐茜,等.2009.闽北烟稻连作模式的烤烟种植气候分区.中国农业气象,**30**(增 1):115-119.

刘国顺.2003.烟草栽培学.北京:中国农业出版社.

刘梅,刘永裕.2007.太空莲的引种试验及生长的气象条件分析.广西气象,**27**(增 1):100-102.

刘韬,吴瑞东.2007.杂柑类新品种——建阳橘柚的选育.果树学报,**24**(2):250-251.

刘晓霞,沈长华,沈丽芬.2007.南平市南牧一号杂交草种植气候区划.中国农业气象,**28**(增):132-133.

刘志民,马焕普.2008.优质葡萄无公害生产关键技术问答.北京:中国林业出版社.

刘钦锐.1990.南平地区综合农业区划.南平:南平地区农业区划委员会(内部资料).

鲁运江.2001.我国子莲生产现状、问题及发展对策.蔬菜,(4):5-6.

罗国光.2004.关于葡萄气候区划指标问题的探讨.河北林业科技,(5):61-63.

荣云鹏,田骥.2002.春季晚霜冻害对葡萄生产的影响及建议.落叶果树,(6):10-11.

沈长华,刘晓霞.2007.南平市紫花苜蓿种植气候区划.中国农业气象,**28**(1):61-63.

沈长华,曹李兴.2011.基于 GIS 的南平市锥栗气候分析与区划.中国农业气象,**32**(增 1):97-99.

沈长华.2007.闽北发展南牧一号的气候适应性分析.亚热带农业研究,**3**(2):81-83.

孙百安.2007.建阳市毛竹气候区划.福建气象,(5):41-43.

孙衍晓,臧克民,王开英,等.2002.蓬莱葡萄全生育期气象条件分析.安徽农业科学,**37**(13):5 934-5 936.

汤书新,陈友芳.2006.政和县茉莉花农业气候区划.福建气象,(1):24-27.

王国平,洪霓.2000.优质桃新品种丰产栽培.北京:金盾出版社.

徐庭盛,叶维荣.2010.躲过雹灾,却遭遇寒潮——闽北农作物很"受伤".闽北日报:3 月 12 日第 8 版.

张艳丽,邵则夏.2010.云南无公害葡萄种植的农业气象条件与栽培技术.西部林业科学,**29**(3):80-84.

中国"亚热带东部丘陵山区农业气候资源及其合理利用"协作组,《武夷山区农业气候资源论文集》编委会.
　　　　1987.武夷山区农业气候资源论文集.北京:气象出版社.

周慧文.2002.桃树丰产栽培.北京:中国农业大学出版社.

周明全,张杰,冯长明,等.1994.子莲壳莲产量方位效应研究初报.耕作与栽培,(2):19-20.

后　　记

　　随着全球气候变化的加剧和闽北农业结构战略性调整步伐的加快，20 世纪 80 年代开展的第二次农业气候区划成果在区划精度上已不能满足农业生产需求，特别是特色产业布局已跟不上特色产业迅猛发展的需要。为此，2011 年在南平市市委、市政府的正确领导下，南平市气象局组织有关人员在 2004 年第三次种植气候专题区划成果和农业气象科研成果的基础上，新增了莲子、葡萄、丹桂、橘柚四个专题区划内容，并对原来的各专题重新制作了 50 m×50 m 分区图。此外，还分析制作了南平市农业气候资源与农业气象指标精细区划分布图，收录整理了历年南平市暴雨、洪涝、冰雹、大风、高温、干旱、寒害等农业气象灾害的发生情况。经过全体编纂人员近 3 年的努力，于 2013 年 2 月编著成《南平市特色农业气候精细区划》一书。该书的出版，为更加充分地利用闽北气候资源，更好地服务"三农"，发展绿色农业，造福闽北人民，提供了气候参考依据。

　　福建省气象科学研究所陈惠、陈家金正研级高级工程师和王加义高级工程师，南平市农业科学研究所邹荣春、谢善松高级农艺师，南平市农业学校陈虞晖高级讲师，南平市委农村工作领导小组办公室、南平市葡萄协会会长谢福鑫教授级高级农艺师，南平市林业局詹夷生高级工程师，建阳市农业局周远兴农艺师，顺昌县农业科学研究所俞锦发高级农艺师，浦城县桂花协会会长黄安民，从不同专业、不同角度，对本书有关章节提出了宝贵的修改意见。本书还得到了南平市气象局黄廷炎、张洁薇、彭玉芬、唐刚等同志的帮助和支持。

　　此外，本书引用了大量的参考文献和《福建省特色农业气候及精细区划》等内部资料，在此，一并向关心、支持本书写作、编辑、出版的同志致以诚挚的谢意。

　　由于编著者水平有限，差错之处在所难免，恳请广大读者批评指正。

编著者
2013 年 2 月